plurall

Parabéns!
Agora você faz parte do **Plurall**, a plataforma digital do seu livro didático!
Acesse e conheça todos os recursos e funcionalidades disponíveis para as suas aulas digitais.

CB028467

Baixe o aplicati... ... Plurall para Android e IOS ou acesse **www.plurall.net** e cadastre-se utilizando o seu código de acesso exclusivo:

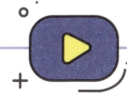

AAPAETYWA

Este é o seu código de acesso Plurall.
Cadastre-se e ative-o para ter acesso aos conteúdos relacionados a esta obra.

 @plurallnet

 @plurallnetoficial

SOMOS
EDUCAÇÃO

MARCHA CRIANÇA

1º ANO — ENSINO FUNDAMENTAL

MATEMÁTICA

Maria Teresa Marsico

Licenciada em Letras pela Universidade Federal do Rio de Janeiro (UFRJ).
Pedagoga pela Sociedade Unificada de Ensino Superior Augusto Motta.
Atuou por mais de trinta anos como professora de Educação Infantil e Ensino
Fundamental das redes municipal e particular do estado do Rio de Janeiro.

Maria Elisabete Martins Antunes

Licenciada em Letras pela Universidade Federal do Rio de Janeiro (UFRJ).
Atuou durante trinta anos como professora titular em turmas do 1º ao
5º ano da rede municipal de ensino do estado do Rio de Janeiro.

Armando Coelho de Carvalho Neto

Atua desde 1981 com alunos e professores das redes pública
e particular de ensino do estado do Rio de Janeiro.
Desenvolve pesquisas e estudos sobre metodologias
e teorias modernas de aprendizado.
Autor de obras didáticas para Ensino Fundamental
e Educação Infantil desde 1993.

Vívian dos Santos Marsico

Pós-graduada em Odontologia pela Universidade Gama Filho.
Mestra em Odontologia pela
Universidade de Taubaté.
Pedagoga em formação pela Universidade Veiga de Almeida.
Professora universitária.

editora scipione

editora scipione

Direção Presidência: Mario Ghio Júnior
Direção de Conteúdo e Operações: Wilson Troque
Direção editorial: Luiz Tonolli e Lidiane Vivaldini Olo
Gestão de projeto editorial: Tatiany Renó,
Juliana Ribeiro Oliveira Alves (assist.)
Gestão de área: Julio Cesar Augustus de Paula Santos
Coordenação: Juliana Grassmann dos Santos
Edição: Letícia Mancini Martins,
Lucas de Souza Santos e Nadili L. Ribeiro
Desenvolvimento Página+: Bambara Educação
Planejamento e controle de produção: Patrícia Eiras e Adjane Queiroz
Revisão: Hélia de Jesus Gonsaga (ger.), Kátia Scaff Marques (coord.),
Rosângela Muricy (coord.), Adriana Rinaldi, Ana Curci, Ana Paula C. Malfa,
Brenda T. de Medeiros Morais, Carlos Eduardo Sigrist, Célia Carvalho,
Cesar G. Sacramento, Claudia Virgilio, Danielle Modesto, Diego Carbone,
Gabriela M. de Andrade, Heloísa Schiavo, Larissa Vazquez,
Lilian M. Kumai, Luciana B. de Azevedo, Luís Maurício Boa Nova,
Marília Lima, Marina Saraiva, Maura Loria, Patricia Cordeiro,
Patrícia Travanca, Paula T. de Jesus, Raquel A. Taveira, Ricardo Miyake,
Sueli Bossi, Tayra B. Alfonso, Vanessa de Paula Santos,
Vanessa Nunes S. Lucena
Edição de arte: Daniela Amaral (ger.), Claudio Faustino (coord.),
Elen Coppini Camioto (edição de arte)
Diagramação: Grapho editoração
Iconografia e tratamento de imagem: Sílvio Kligin (ger.),
Roberto Silva (coord.), Roberta Freire Lacerda Santos (pesquisa iconográfica),
Cesar Wolf e Fernanda Crevin (tratamento)
Licenciamento de conteúdos de terceiros: Thiago Fontana (coord.),
Liliane Rodrigues (licenciamento de textos e fonogramas), Erika Ramires,
Luciana Pedrosa Bierbauer, Luciana Cardoso Sousa e
Claudia Rodrigues (analistas adm.)
Ilustrações: Avalone, Bruna Assis Brasil (Aberturas de unidade), Ilustra Cartoon,
MW Editora e Ricardo Dantas
Cartografia: Eric Fuzii (coord.)
Design: Gláucia Correa Koller (ger.), Flávia Dutra (proj. gráfico e capa),
Erik Taketa (pós-produção) e Gustavo Vanini (assist. arte)
Ilustração e adesivos de capa: Estúdio Luminos

Todos os direitos reservados por Editora Scipione S.A.
Avenida das Nações Unidas, 7221, 1ª andar, Setor D
Pinheiros – São Paulo – SP – CEP 05425-902
Tel.: 4003-3061
www.scipione.com.br / atendimento@scipione.com.br

Dados Internacionais de Catalogação na Publicação (CIP)
(Câmara Brasileira do Livro, SP, Brasil)

```
Marcha criança matemática 1º ano / Maria Teresa Marsico...
[et al.] - 4. ed. - São Paulo : Scipione, 2019.

     Suplementado pelo manual do professor.
     Bibliografia.
     Outros autores: Maria Elisabete Martins Antunes, Armando
Coelho de Carvalho Neto, Vívian dos Santos Marsico.
     ISBN: 978-85-474-0226-6 (aluno)
     ISBN: 978-85-474-0227-3 (professor)

     1.    Matemática (Ensino fundamental). I. Marsico,
Maria Teresa. II. Antunes, Maria Elisabete Martins. III.
Carvalho Neto, Armando Coelho de. IV. Marsico, Vívian dos
Santos.

2019-0126                             CDD: 372.7
```

Julia do Nascimento - Bibliotecária - CRB-8/010142

2024
Código da obra CL 742217
CAE 649697 (AL) / 649698 (PR)
OP: 247386 (AL)
4ª edição
5ª impressão
De acordo com a BNCC.

Impressão e acabamento: EGB Editora Gráfica Bernardi Ltda.

Uma publicação **SOMOS** EDUCAÇÃO

Os textos sem referência foram elaborados para esta coleção.

Bruna Assis Brasil/
Arquivo da editora

Com ilustrações de **Bruna Assis Brasil**, seguem abaixo os créditos
das fotos utilizadas nas aberturas de unidade:

UNIDADE 1: Árvores: Ken StockPhoto/Shutterstock, **Escorregador:** Rdonar/Shutterstock,
Lixeiras: Mike Flippo/Shutterstock, **Casinha:** 3dfoto/Shutterstock;

UNIDADE 2: Bicicletas: Stockphoto-graf/Shutterstock, **Arquibancada:** Lightspring/
Shutterstock, **Paisagem:** Ewa Studio/Shutterstock;

UNIDADE 3: Bolinha de tênis: Anton Donev/Shutterstock, **Cubo mágico:** Igorstevanovic/
Shutterstock, **Cone:** Yukihipo/Shutterstock, **Embalagem:** Gruffi/Shutterstock, **Cilindro:**
Koosen/Shutterstock, **Imagens Tangran:** Olga Popova/Shutterstock;

UNIDADE 4: Pedras: Topseller/Shutterstock, **Placa:** SeDmi/Shutterstock, **Chimpanzé:**
Jeannette Katzir Photog/Shutterstock, **Gibão:** Titiraht Photo Art/Shutterstock, **Chita:** Elitravo/
Shutterstock, **Jaguatirica:** Siete_vidas/Shutterstock.

APRESENTAÇÃO

QUERIDO ALUNO

PREPARAMOS ESTE LIVRO ESPECIALMENTE PARA QUEM GOSTA DE ESTUDAR, APRENDER E SE DIVERTIR! ELE FOI PENSADO, COM MUITO CARINHO, PARA PROPORCIONAR A VOCÊ UMA APRENDIZAGEM QUE LHE SEJA ÚTIL POR TODA A VIDA!

EM TODAS AS UNIDADES, AS ATIVIDADES PROPOSTAS OFERECEM OPORTUNIDADES QUE CONTRIBUEM PARA SEU DESENVOLVIMENTO E PARA SUA FORMAÇÃO! ALÉM DISSO, SEU LIVRO ESTÁ MAIS INTERATIVO E PROMOVE DISCUSSÕES QUE VÃO AJUDÁ-LO A SOLUCIONAR PROBLEMAS E A CONVIVER MELHOR COM AS PESSOAS!

CONFIRA TUDO ISSO NO **CONHEÇA SEU LIVRO**, NAS PRÓXIMAS PÁGINAS!

SEJA CRIATIVO, APROVEITE O QUE JÁ SABE, FAÇA PERGUNTAS, OUÇA COM ATENÇÃO...

... E COLABORE PARA FAZER UM MUNDO MELHOR!

BONS ESTUDOS E UM FORTE ABRAÇO,

MARIA TERESA, MARIA ELISABETE, VÍVIAN E ARMANDO

Bruna Assis Brasil/Arquivo da editora

CONHEÇA SEU LIVRO

VEJA A SEGUIR COMO SEU LIVRO ESTÁ ORGANIZADO.

UNIDADE

SEU LIVRO ESTÁ ORGANIZADO EM QUATRO UNIDADES. AS ABERTURAS SÃO COMPOSTAS DOS SEGUINTES BOXES:

ENTRE NESTA RODA

VOCÊ E SEUS COLEGAS TERÃO A OPORTUNIDADE DE CONVERSAR SOBRE A IMAGEM APRESENTADA E A RESPEITO DO QUE JÁ SABEM SOBRE O TEMA DA UNIDADE.

NESTA UNIDADE VAMOS ESTUDAR...

VOCÊ VAI ENCONTRAR UMA LISTA DOS CONTEÚDOS QUE SERÃO ESTUDADOS NA UNIDADE.

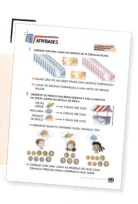

ATIVIDADES

MOMENTO DE VERIFICAR SE OS CONTEÚDOS FORAM COMPREENDIDOS POR MEIO DE ATIVIDADES DIVERSIFICADAS.

MATEMÁTICA E DIVERSÃO

SEÇÃO DE ATIVIDADES DIVERTIDAS QUE COMPLEMENTAM OS CONTEÚDOS ESTUDADOS.

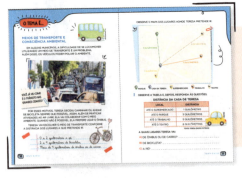

O TEMA É...

COMUM A TODAS AS DISCIPLINAS, A SEÇÃO TRAZ UMA SELEÇÃO DE TEMAS PARA VOCÊ REFLETIR, DISCUTIR E APRENDER MAIS, PODENDO ATUAR NO SEU DIA A DIA COM MAIS CONSCIÊNCIA!

VOCÊ EM AÇÃO

VOCÊ ENCONTRARÁ ESTA SEÇÃO EM TODOS OS COMPONENTES CURRICULARES. EM **MATEMÁTICA**, APRESENTA ATIVIDADES PRÁTICAS E DIVERTIDAS.

SAIBA MAIS

BOXES COM CURIOSIDADES, REFORÇOS E DICAS SOBRE O CONTEÚDO ESTUDADO.

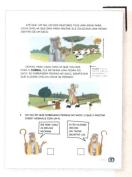

AMPLIANDO O VOCABULÁRIO

ALGUMAS PALAVRAS ESTÃO DESTACADAS NO TEXTO E O SIGNIFICADO DELAS APARECE SEMPRE NA MESMA PÁGINA. ASSIM, VOCÊ PODE AMPLIAR SEU VOCABULÁRIO.

GLOSSÁRIO

NO FIM DO LIVRO, APRESENTAÇÃO DOS PRINCIPAIS CONCEITOS EM ORDEM ALFABÉTICA DE MANEIRA RESUMIDA.

AO FINAL DO LIVRO, UMA PÁGINA COM MUITAS NOVIDADES QUE EXPLORAM O CONTEÚDO ESTUDADO AO LONGO DO ANO.

⇉ MATERIAL COMPLEMENTAR ⇇

CADERNO DE CRIATIVIDADE E ALEGRIA

CADERNO QUE REÚNE MATERIAIS MANIPULÁVEIS PARA VOCÊ BRINCAR E SE DIVERTIR!

⇉ QUANDO VOCÊ ENCONTRAR ESTES ÍCONES, FIQUE ATENTO! ⇇

 NO CADERNO

 EM DUPLA

 EM GRUPO

 CÁLCULO MENTAL

SUMÁRIO

UNIDADE 3

GEOMETRIA E OPERAÇÕES BÁSICAS ..126

UNIDADE 4

SISTEMAS DE MEDIDA, ÁLGEBRA E PROBABILIDADE ..180

 HOJE É DIA DE QUITANDA!

Bruna Assis Brasil/
Arquivo da editora

TEATRO
BENEFICENTE
DA VILA
APENAS HOJE
ÀS 10 HORAS!
ENTRADA:
6 REAIS OU
1 PACOTE DE ALIMENTO
NÃO PERECÍVEL

Bruna Assis Brasil/Arquivo da editora

ENTRE NESTA RODA

- AS CRIANÇAS BRINCAM EM UMA ÁREA LIVRE. VOCÊ CONHECE OS BRINQUEDOS E AS BRINCADEIRAS MOSTRADOS NESTA CENA?

- VOCÊ CONHECE LIXEIRAS COMO AS DESTE PARQUE? POR QUE ELAS TÊM CORES DIFERENTES?

- ALGUMAS CRIANÇAS BRINCAM DE AMARELINHA. O QUE ELAS USARAM PARA IDENTIFICAR AS CASAS DA AMARELINHA?

NESTA UNIDADE VAMOS ESTUDAR...

- CORRESPONDÊNCIA UM A UM

- CONTAGEM DE ROTINA

- AGRUPAMENTOS E COMPARAÇÃO

A HISTÓRIA DOS NÚMEROS

O PASTOR DE OVELHAS

ANA ESTÁ LENDO A HISTÓRIA **O PASTOR DE OVELHAS**. VAMOS CONHECER A HISTÓRIA QUE ANA ESTÁ LENDO?

TODOS OS DIAS OS PASTORES PRECISAM LEVAR AS OVELHAS PARA PASTAR. OS PASTORES SOLTAM OS ANIMAIS PELA MANHÃ.

NO FINAL DO DIA, OS PASTORES VOLTAM PARA BUSCAR AS OVELHAS. ÀS VEZES, OS PASTORES NÃO TÊM CERTEZA SE ALGUMA OVELHA SE PERDEU.

Ilustrações: Ilustra Cartoon/Arquivo da editora

ATÉ QUE, UM DIA, UM DOS PASTORES TEVE UMA IDEIA! PARA CADA OVELHA QUE SAÍA PARA PASTAR, ELE COLOCAVA UMA PEDRA DENTRO DE UM SACO.

DEPOIS, PARA CADA OVELHA QUE VOLTAVA PARA O **CURRAL**, ELE RETIRAVA UMA PEDRA DO SACO. SE SOBRASSEM PEDRAS NO SACO, SIGNIFICAVA QUE ALGUMA OVELHA HAVIA SE PERDIDO.

> **CURRAL:** LUGAR CERCADO EM QUE OS ANIMAIS DA FAZENDA VIVEM.

- NO DIA EM QUE SOBRARAM PEDRAS NO SACO, O QUE O PASTOR DISSE? ASSINALE COM UM **X**.

QUE BOM! TODAS AS OVELHAS VOLTARAM.

ESTÃO FALTANDO OVELHAS. VOU TENTAR ENCONTRÁ-LAS.

IDEIA DE QUANTIDADE

A FAMÍLIA DE BRUNA PREPAROU UMA FESTA PARA COMEMORAR O ANIVERSÁRIO DELA.

BRUNA DISTRIBUIU BONÉS COLORIDOS PARA OS CONVIDADOS.

- LIGUE CADA CRIANÇA AO BONÉ QUE GANHOU DE BRUNA.

VÍTOR   BIA   LETÍCIA   ARI

ATIVIDADES

1 NA FESTA DE BRUNA, ALGUNS BRINDES SERÃO DISTRIBUÍDOS.
LIGUE CADA BOLA A UMA CRIANÇA.

Ilustrações: Ilustra Cartoon/Arquivo da editora

A) HÁ QUANTAS CRIANÇAS? ☐

B) E HÁ QUANTAS BOLAS? ☐

C) ASSINALE COM UM **X**.

- HÁ UMA BOLA PARA CADA CRIANÇA?

    ☐ SIM   ☐ NÃO

- A QUANTIDADE DE CRIANÇAS E DE BOLAS É:

    ☐ DIFERENTE.   ☐ IGUAL.

2 OS CARRINHOS ABAIXO TAMBÉM SERÃO DISTRIBUÍDOS NA FESTA.

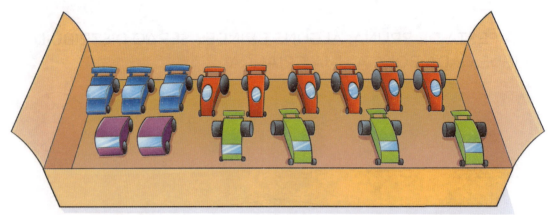

Ilustrações: Ilustra Cartoon/Arquivo da editora

A) PINTE UM ☐ PARA CADA BRINQUEDO QUE HÁ NA CAIXA.

☐ ☐ ☐ ☐ ☐ ☐

☐ ☐ ☐ ☐ ☐ ☐

☐ ☐ ☐ ☐ ☐ ☐

☐ ☐ ☐ ☐ ☐ ☐

B) O CARRINHO QUE APARECE EM MAIOR QUANTIDADE É:

☐ AZUL. ☐ VERDE. ☐ VERMELHO. ☐ ROXO.

C) E EM MENOR QUANTIDADE?

3 QUANDO NÃO TEM AULA, JULIANA GOSTA DE BRINCAR COM OS
AMIGOS NA PRACINHA.

Ilustrações: Ilustra Cartoon/Arquivo da editora

A) A QUANTIDADE DE CRIANÇAS É IGUAL À QUANTIDADE
DE CORDAS?

☐ SIM   ☐ NÃO

B) FAÇA UMA ESTIMATIVA.

• QUANTAS CRIANÇAS ESTÃO NA CENA? ☐

• E QUANTAS CORDAS APARECEM NA CENA? ☐

C) AGORA, CONTE E COMPLETE: NA CENA HÁ .... CRIANÇAS

E .... CORDAS.

4 OS CARRINHOS DE RAFAELA ESTÃO AGRUPADOS.

A) MARQUE COM UM **X** OS GRUPOS QUE TÊM A MESMA
QUANTIDADE DE CARRINHOS.

B) AGORA, RESPONDA: O GRUPO COM A MENOR QUANTIDADE

DE CARRINHOS TEM QUANTOS CARRINHOS? ☐

5 VOCÊ JÁ FOI A UM ZOOLÓGICO? LÁ VOCÊ ENCONTRA MUITOS ANIMAIS, NÃO É? OBSERVE A ILUSTRAÇÃO DO FOLHETO DE UM ZOOLÓGICO.

AS IMAGENS NÃO ESTÃO REPRESENTADAS EM PROPORÇÃO.

Ilustrações: Ilustra Cartoon/Arquivo da editora

A) PINTE UM QUADRINHO PARA CADA ANIMAL QUE APARECE NO FOLHETO.

B) QUAIS ANIMAIS APARECEM EM QUANTIDADES IGUAIS NO FOLHETO?

REPRESENTAÇÃO DE QUANTIDADES

ANA, BIA E JÚLIO DECIDIRAM FAZER COLEÇÕES. A CENA ABAIXO MOSTRA A COLEÇÃO DE CADA UMA DAS CRIANÇAS.

ANA COLECIONA FIGURINHAS.

BIA COLECIONA CHAVEIROS.

JÚLIO COLECIONA CARRINHOS.

- DESAFIO! SEM CONTAR, RESPONDA: QUEM TEM A COLEÇÃO COM A MAIOR QUANTIDADE DE OBJETOS?

ATIVIDADES

1 VOCÊ SE LEMBRA DA HISTÓRIA DOS PASTORES QUE USAVAM PEDRAS PARA REPRESENTAR A QUANTIDADE DE OVELHAS QUE ELES LEVAVAM PARA PASTAR?

PINTE PEDRINHAS PARA REPRESENTAR A QUANTIDADE DE OBJETOS QUE COMPÕEM A COLEÇÃO DE ANA, BIA E JÚLIO.

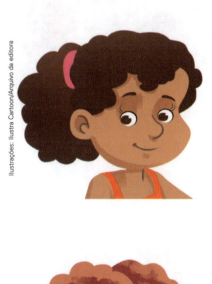

Ilustrações: Ilustra Cartoon/Arquivo da editora

2 ANA, BIA E JÚLIO REPRESENTARAM A QUANTIDADE DA COLEÇÃO DELES DE VÁRIAS MANEIRAS. OBSERVE.

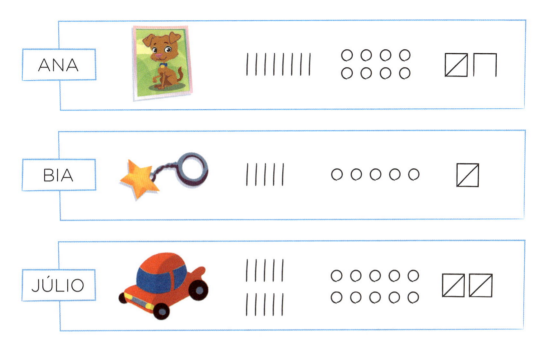

AGORA, REGISTRE A QUANTIDADE DE BRINQUEDOS DE CADA GRUPO COMO VOCÊ PREFERIR.

Ilustrações: Ilustra Cartoon/Arquivo da editora

FESTA DE ANIVERSÁRIO

RODRIGO COMEMOROU O ANIVERSÁRIO DELE COM ALGUNS AMIGOS.

DESCREVA O QUE VOCÊ OBSERVA NA IMAGEM.

EXPLORE A
PÁGINA +
E DIVIRTA-SE!

- SEM CONTAR UM A UM, VOCÊ SABE DIZER QUANTAS CRIANÇAS ESTÃO NESTA FESTA?

1 OBSERVE NOVAMENTE A CENA DO ANIVERSÁRIO DE RODRIGO.

A) CERQUE COM UMA LINHA OS NÚMEROS DA CENA.

B) MARQUE COM UM **X** AS INFORMAÇÕES QUE VOCÊ ENCONTROU NA CENA DA PÁGINA ANTERIOR.

☐ DIA DO ANIVERSÁRIO.

☐ HORA EM QUE ACABOU A FESTA.

☐ IDADE DA MÃE DO ANIVERSARIANTE.

☐ HORA DA FESTA.

2 DESENHE NO BOLO AS VELAS PARA REPRESENTAR A SUA IDADE.

Ilustra Cartoon/Arquivo da editora

AGORA, VOCÊ VAI ESCOLHER OUTRA MANEIRA DE REPRESENTAR A SUA IDADE E REGISTRAR NO ESPAÇO ABAIXO.

3 VOCÊ JÁ FOI AO CIRCO? CONTE AOS COLEGAS.

LANCHES

PIPOCA	R$ 5,00
ALGODÃO-DOCE	R$ 2,00
CACHORRO-QUENTE	R$ 8,00
REFRIGERANTE	R$ 4,00

BILHETERIA

INGRESSOS
ADULTOS R$ 10,00
CRIANÇAS R$ 5,00

HORÁRIOS
SEXTA-FEIRA
18h
SÁBADO
10h e 17h
DOMINGO
9h, 11h e 16h

CIRCO FELIZ

Ilustra Cartoon/Arquivo da editora

OBSERVE A CENA ACIMA E REGISTRE:

A) OS PREÇOS QUE APARECEM NA CENA;

....

B) OS HORÁRIOS.

....

4 CERQUE COM UMA LINHA O DIA DE SEU ANIVERSÁRIO NO QUADRO ABAIXO. DEPOIS, ESCREVA O NOME DO MÊS EM QUE VOCÊ NASCEU.

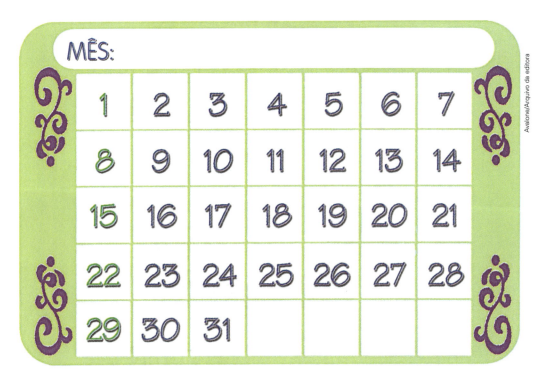

MÊS:

1	2	3	4	5	6	7
8	9	10	11	12	13	14
15	16	17	18	19	20	21
22	23	24	25	26	27	28
29	30	31				

5 DANIEL E JOANA ESTUDAM NA MESMA TURMA. COMO HOJE É DOMINGO, ELES ACORDARAM MAIS TARDE. FAÇA UM **X** NA CRIANÇA QUE SE LEVANTOU PRIMEIRO.

08:00

CONTE A SEUS COLEGAS DE TURMA E AO PROFESSOR A QUE HORAS VOCÊ COSTUMA SE LEVANTAR.

6 OBSERVE COM ATENÇÃO ESTE RELÓGIO.

Ilustrações: Avalone/Arquivo da editora

VOCÊ PERCEBEU QUE FALTAM ALGUNS NÚMEROS EM CADA UM DOS RELÓGIOS ABAIXO? COMPLETE OS RELÓGIOS PARA QUE FIQUEM COMO O RELÓGIO ACIMA.

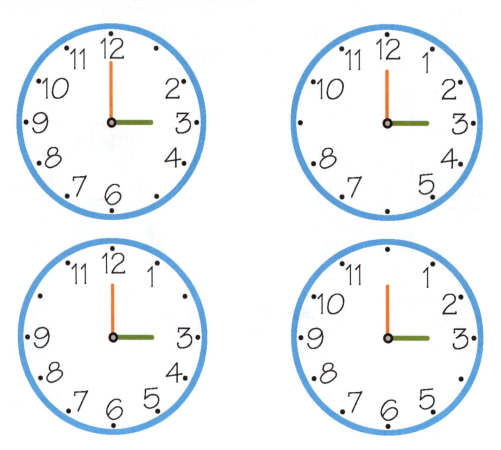

UM POEMA COM NÚMEROS

- LEIA O TEXTO ABAIXO.

CONTANDO FOLHAS NO PARQUE

UM, DOIS, TRÊS

FOLHAS CAEM SEM PARAR

SEM PARAR, SEM PARAR

QUATRO, CINCO, SEIS,

SETE, OITO, NOVE

A DEZ NÃO CAI NO CHÃO

CAI BEM AQUI NA MINHA MÃO!

MARIA TERESA MARSICO.

AGORA, RESPONDA.

A) QUANTAS FOLHAS CAÍRAM DA ÁRVORE? ....

B) QUANTAS CRIANÇAS HÁ NA CENA? ....

A MINHA TURMA

OBSERVE ESTA TURMA DE ALUNOS DO PRIMEIRO ANO NA HORA DO RECREIO.

- QUANTOS ALUNOS HÁ NESSA TURMA? FAÇA UMA ESTIMATIVA. DEPOIS, CONTE E CONFIRA A SUA RESPOSTA.

ATIVIDADES

1 QUANTAS PESSOAS ESTÃO NESTE MOMENTO EM SUA SALA DE AULA?

....

2 COM SEUS COLEGAS E O PROFESSOR, CONTE OS OBJETOS QUE HÁ EM SUA SALA DE AULA. DEPOIS, ANOTE AS QUANTIDADES NOS ESPAÇOS INDICADOS.

MESA: ☐

CADEIRA: ☐

JANELA: ☐

LOUSA: ☐

PORTA: ☐

ARMÁRIO: ☐

3 NO GRUPO ABAIXO, HÁ 4 CRIANÇAS. QUANTAS CADEIRAS SERÃO NECESSÁRIAS PARA TODAS SE SENTAREM? DESENHE UMA CADEIRA PARA CADA CRIANÇA.

Ilustrações: Ilustra Cartoon/Arquivo da editora

O CALENDÁRIO

LUANA ESTÁ CONSULTANDO O CALENDÁRIO. ACOMPANHE O QUE ELA DIZ.

FAÇO ANIVERSÁRIO NO DIA 3 DE ABRIL. NO ANO DE 2019, EU TIVE UMA FESTA DE ANIVERSÁRIO NO DIA 7 DE ABRIL.

ABRIL 2019

Dom.	Seg.	Ter.	Qua.	Qui.	Sex.	Sáb.
	1	2	3	4	5	6
7	8	9	10	11	12	13
14	15	16	17	18	19	20
21	22	23	24	25	26	27
28	29	30				

Ilustra Cartoon/Arquivo da editora

- PINTE DE **AZUL** O DIA DO ANIVERSÁRIO DE LUANA. DEPOIS, PINTE DE **VERDE** O DIA DA FESTA.

LUANA ENCONTROU OUTROS CALENDÁRIOS EM CASA. VOCÊ JÁ VIU CALENDÁRIOS COMO ESTES?

Shutterstock/Montagem Cesar Wolf

● CALENDÁRIO DE PAREDE.

Dotta2/Arquivo da editora

● CALENDÁRIO DIGITAL EM UM CELULAR.

iStockphoto/Getty Images

● CALENDÁRIO DE MESA.

Dotta2/Arquivo da editora

● CALENDÁRIO DIGITAL EM UM *TABLET*.

ATIVIDADES

1 OBSERVE O CALENDÁRIO DE 2020.

2020

JANEIRO
DOM.	SEG.	TER.	QUA.	QUI.	SEX.	SÁB.
		1	2	3	4	
5	6	7	8	9	10	11
12	13	14	15	16	17	18
19	20	21	22	23	24	25
26	27	28	29	30	31	

FEVEREIRO
DOM.	SEG.	TER.	QUA.	QUI.	SEX.	SÁB.
						1
2	3	4	5	6	7	8
9	10	11	12	13	14	15
16	17	18	19	20	21	22
23	24	25	26	27	28	29

MARÇO
DOM.	SEG.	TER.	QUA.	QUI.	SEX.	SÁB.
1	2	3	4	5	6	7
8	9	10	11	12	13	14
15	16	17	18	19	20	21
22	23	24	25	26	27	28
29	30	31				

ABRIL
DOM.	SEG.	TER.	QUA.	QUI.	SEX.	SÁB.
			1	2	3	4
5	6	7	8	9	10	11
12	13	14	15	16	17	18
19	20	21	22	23	24	25
26	27	28	29	30		

MAIO
DOM.	SEG.	TER.	QUA.	QUI.	SEX.	SÁB.
					1	2
3	4	5	6	7	8	9
10	11	12	13	14	15	16
17	18	19	20	21	22	23
24	25	26	27	28	29	30
31						

JUNHO
DOM.	SEG.	TER.	QUA.	QUI.	SEX.	SÁB.
	1	2	3	4	5	6
7	8	9	10	11	12	13
14	15	16	17	18	19	20
21	22	23	24	25	26	27
28	29	30				

JULHO
DOM.	SEG.	TER.	QUA.	QUI.	SEX.	SÁB.
			1	2	3	4
5	6	7	8	9	10	11
12	13	14	15	16	17	18
19	20	21	22	23	24	25
26	27	28	29	30	31	

AGOSTO
DOM.	SEG.	TER.	QUA.	QUI.	SEX.	SÁB.
						1
2	3	4	5	6	7	8
9	10	11	12	13	14	15
16	17	18	19	20	21	22
23	24	25	26	27	28	29
30	31					

SETEMBRO
DOM.	SEG.	TER.	QUA.	QUI.	SEX.	SÁB.
		1	2	3	4	5
6	7	8	9	10	11	12
13	14	15	16	17	18	19
20	21	22	23	24	25	26
27	28	29	30			

OUTUBRO
DOM.	SEG.	TER.	QUA.	QUI.	SEX.	SÁB.
				1	2	3
4	5	6	7	8	9	10
11	12	13	14	15	16	17
18	19	20	21	22	23	24
25	26	27	28	29	30	31

NOVEMBRO
DOM.	SEG.	TER.	QUA.	QUI.	SEX.	SÁB.
1	2	3	4	5	6	7
8	9	10	11	12	13	14
15	16	17	18	19	20	21
22	23	24	25	26	27	28
29	30					

DEZEMBRO
DOM.	SEG.	TER.	QUA.	QUI.	SEX.	SÁB.
		1	2	3	4	5
6	7	8	9	10	11	12
13	14	15	16	17	18	19
20	21	22	23	24	25	26
27	28	29	30	31		

Ilustra Cartoon/Arquivo da editora

OS MESES PODEM TER 28, 29, 30 OU 31 DIAS.

A) CERQUE COM UMA LINHA, NO CALENDÁRIO ACIMA, OS MESES QUE TÊM 31 DIAS.

B) QUAL É O DIA E O NOME DO MÊS DO SEU ANIVERSÁRIO?

....

C) QUANTOS DIAS TEM O MÊS EM QUE VOCÊ FAZ ANIVERSÁRIO?

....

2 OBSERVE UM CALENDÁRIO DESTE ANO E COMPLETE.

ESTAMOS NO MÊS DE .... E
ESSE MÊS TEM .... DIAS.

3 AGORA, CONSULTE O CALENDÁRIO DESTE ANO PARA COMPLETAR O QUADRO ABAIXO COM OS DIAS DO MÊS DO SEU ANIVERSÁRIO. DEPOIS, PINTE DE **VERDE** O QUADRINHO QUE REPRESENTA O DIA DE SEU ANIVERSÁRIO.

ANO ATUAL: ....

MÊS DO MEU ANIVERSÁRIO: ....

DOMINGO	SEGUNDA- -FEIRA	TERÇA- -FEIRA	QUARTA- -FEIRA	QUINTA- -FEIRA	SEXTA- -FEIRA	SÁBADO

4 OBSERVE O CARTAZ DOS ANIVERSARIANTES DO MÊS DA TURMA DE LUCAS.

Ilustra Cartoon/Arquivo da editora

A) QUEM SÃO OS ANIVERSARIANTES DO MÊS DE ABRIL?

....

B) ESCREVA O NÚMERO DO DIA DO MÊS EM QUE ANA FAZ ANIVERSÁRIO.

....

C) COMPLETE: ANA FAZ ANIVERSÁRIO:

☐ ANTES DE VÍTOR.

☐ DEPOIS DE VÍTOR.

5 RITA ANOTOU COM DESENHOS ALGUNS COMPROMISSOS DESTE MÊS.

EM QUE DIA DO MÊS RITA:

A) VAI A UMA FESTA?

B) VISITARÁ A AMIGA DELA?

C) VAI AO TEATRO?

6 REGISTRE, USANDO TRACINHOS, A QUANTIDADE DE ANIVERSARIANTES EM SUA TURMA EM CADA MÊS DO ANO.

QUANTIDADE DE ANIVERSARIANTES DA MINHA TURMA

MÊS	TRACINHOS	NÚMERO DE ALUNOS
JANEIRO		
FEVEREIRO		
MARÇO		
ABRIL		
MAIO		
JUNHO		
JULHO		
AGOSTO		
SETEMBRO		
OUTUBRO		
NOVEMBRO		
DEZEMBRO		

FONTE: PESQUISA DA TURMA ....

AGORA, RESPONDA:

A) QUAL É O MÊS COM **MAIS** ANIVERSARIANTES?

....

B) QUAL MÊS TEM **MENOS** ANIVERSARIANTES?

....

GRÁFICO E TABELA

OBSERVE O RESULTADO DA PESQUISA FEITA PELO PROFESSOR ANDRÉ PARA SABER QUAL É A HISTÓRIA INFANTIL PREFERIDA DOS ALUNOS DELE.

HISTÓRIA INFANTIL PREFERIDA DOS ALUNOS DA TURMA DE ANDRÉ

FONTE: TURMA DE ANDRÉ (DADOS FICTÍCIOS)

- COM BASE NO GRÁFICO, QUAL É A HISTÓRIA PREFERIDA DOS ALUNOS DE ANDRÉ?

ATIVIDADES

1 OBSERVE NO GRÁFICO DA PÁGINA ANTERIOR QUANTOS ALUNOS ESCOLHERAM CADA HISTÓRIA. DEPOIS, REGISTRE NA TABELA ABAIXO.

HISTÓRIA INFANTIL PREFERIDA DOS ALUNOS DA TURMA DE ANDRÉ

HISTÓRIA INFANTIL	CHAPEUZINHO VERMELHO	OS TRÊS PORQUINHOS	BRANCA DE NEVE	PINÓQUIO
VOTOS				

FONTE: TURMA DE ANDRÉ (DADOS FICTÍCIOS)

AGORA, RESPONDA:

A) QUANTOS ALUNOS PARTICIPARAM DA PESQUISA?

....

B) QUANTOS ALUNOS ESCOLHERAM PINÓQUIO?

....

C) QUAL FOI A HISTÓRIA MENOS VOTADA? ....

D) AGORA, ESCREVA O NOME DAS HISTÓRIAS INFANTIS, DA MAIS VOTADA PARA A MENOS VOTADA.

....

....

....

2 OBSERVE A QUANTIDADE DE COPOS DE SUCO VENDIDOS POR UMA LANCHONETE DURANTE UM DIA.

SABOR	TRACINHOS
SUCO DE LARANJA	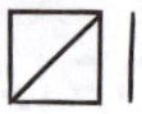 ◻|
SUCO DE MORANGO	 ◻
SUCO DE UVA	 ⊓

A) AO TODO, QUANTOS COPOS DE SUCO FORAM VENDIDOS NESSE DIA? ....

B) MARQUE UM **X** NO SABOR DO SUCO MAIS VENDIDO NESSE DIA.

☐ LARANJA

☐ MORANGO

☐ UVA

C) PINTE DE **VERDE** O SABOR DO SUCO MENOS VENDIDO NESSE DIA.

LARANJA
MORANGO
UVA

3 FAÇA UMA PESQUISA COM ALGUNS COLEGAS DE SUA TURMA PARA SABER QUAL É A BRINCADEIRA PREFERIDA DELES DENTRE AS INDICADAS NO QUADRO ABAIXO.

BRINCADEIRA	AMARELINHA	PIQUE-ESCONDE	PULAR CORDA
TRACINHOS			

A) PARA CADA VOTO, FAÇA UM TRACINHO NO QUADRO.

B) AGORA, PARA CADA VOTO QUE VOCÊ MARCOU NO QUADRO, PINTE UM QUADRINHO NO GRÁFICO ABAIXO.

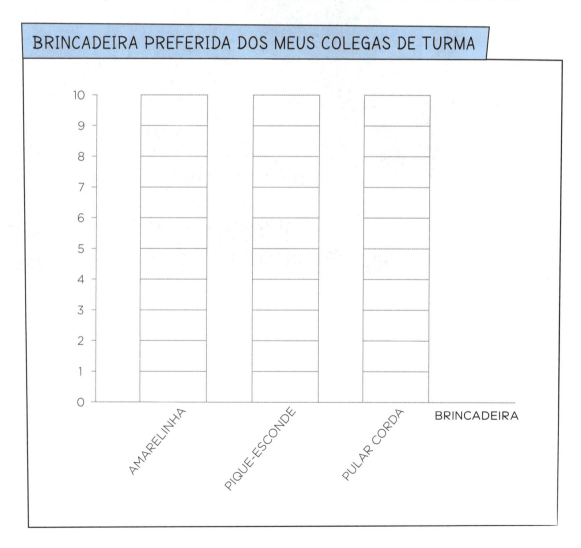

C) QUAL FOI A BRINCADEIRA MAIS VOTADA?

....

MEIOS DE TRANSPORTE E CONSCIÊNCIA AMBIENTAL

EM ALGUNS MUNICÍPIOS, A DIFICULDADE DE SE LOCOMOVER UTILIZANDO UM MEIO DE TRANSPORTE É UM PROBLEMA. ALÉM DISSO, OS VEÍCULOS PODEM POLUIR O AMBIENTE.

VOCÊ JÁ VIU COMO É O TRÂNSITO NAS GRANDES CIDADES?

POR ESSES MOTIVOS, TERESA DECIDIU CAMINHAR OU ANDAR DE BICICLETA SEMPRE QUE POSSÍVEL. ASSIM, ALÉM DE PRATICAR ATIVIDADES AO AR LIVRE, ELA VAI COLABORAR COM O MEIO AMBIENTE. QUANDO NÃO É POSSÍVEL, ELA PREFERE USAR O ÔNIBUS.

TERESA VAI ESCOLHER O MEIO DE TRANSPORTE CONFORME A DISTÂNCIA DOS LUGARES A QUE PRETENDE IR.

- 0 a 2 quilômetros: a pé;
- 2 a 4 quilômetros: de bicicleta;
- Mais de 4 quilômetros: de ônibus ou de carro.

OBSERVE O MAPA DOS LUGARES AONDE TERESA PRETENDE IR.

3 QUILÔMETROS

6 QUILÔMETROS

5 QUILÔMETROS

1 QUILÔMETRO

Mapa: Reprodução/2019 Google Maps; Ícones: PureSolution/Shutterstock

PARQUE   CASA DA TERESA   SUPERMERCADO   TRABALHO   TEATRO

1 OBSERVE A TABELA E, DEPOIS, RESPONDA ÀS QUESTÕES.

DISTÂNCIA DA CASA DE TERESA

LOCAL	DISTÂNCIA
ATÉ O SUPERMERCADO	1 QUILÔMETRO
ATÉ O PARQUE	3 QUILÔMETROS
ATÉ O TRABALHO	5 QUILÔMETROS
ATÉ O TEATRO	6 QUILÔMETROS

FONTE: TERESA (DADOS FICTÍCIOS)

Reprodução/Freepik_com

A QUAIS LUGARES TERESA VAI:

A) DE ÔNIBUS OU DE CARRO? ....

B) DE BICICLETA? ....

C) A PÉ? ....

3 FORMANDO GRUPOS

GRUPOS COM CORES E FORMAS

ACOMPANHE A LEITURA COM O PROFESSOR.

UM DIA, QUANDO FELIPE CHEGOU À CASA DA VOVÓ, ENCONTROU UMA PORÇÃO DE PEDAÇOS DE TECIDOS ESPALHADOS PELO CHÃO, PERTO DA MÁQUINA DE COSTURA EM QUE ELA ESTAVA TRABALHANDO.

O QUE É ISSO, VOVÓ?

SÃO RETALHOS, FELIPE. FUI JUNTANDO OS PEDAÇOS DE PANO QUE SOBRAVAM DAS MINHAS COSTURAS E, AGORA, JÁ DÁ PRA FAZER UMA COLCHA DE RETALHOS. VOU COMEÇAR A EMENDÁ-LOS HOJE MESMO.

POSSO AJUDAR, VOVÓ?

ESTÁ BEM. ENTÃO VÁ SEPARANDO OS RETALHOS PARA MIM. PRIMEIRO SÓ OS DE BOLINHAS, DEPOIS OS DE LISTRINHAS...

Ilustra Cartoon/Arquivo da editora

A COLCHA DE RETALHOS, DE CONCEIL CORRÊA DA SILVA E NYE RIBEIRO SILVA. SÃO PAULO: EDITORA DO BRASIL, 1995.

ATIVIDADES

1 OBSERVE A IMAGEM ABAIXO. HÁ QUANTOS TIPOS DE TECIDOS DIFERENTES? ....

2 AGORA VAMOS AJUDAR FELIPE A ORGANIZAR OS TECIDOS?

A) CERQUE COM UMA LINHA **AZUL** OS TECIDOS DE BOLINHAS.

B) CERQUE COM UMA LINHA **ROXA** OS TECIDOS LISTRADOS.

C) CERQUE COM UMA LINHA **VERDE** OS TECIDOS FLORIDOS.

3 LEIA A HISTÓRIA EM QUADRINHOS A SEGUIR.

MAGALI, DE MAURICIO DE SOUSA. SÃO PAULO: PANINI COMICS, N. 11, MAR. 2016.

A) RESPONDA ORALMENTE: POR QUE DUDU ACHA QUE AS FIGURAS GEOMÉTRICAS SÃO PARECIDAS?

B) EM UMA FOLHA DE PAPEL, FAÇA UM DESENHO COM AS FORMAS QUE APARECEM NA HISTÓRIA.

4 MARCELA CONVIDOU SEUS AMIGOS PARA UMA FESTA DO PIJAMA. OBSERVE A ILUSTRAÇÃO ABAIXO E MARQUE QUAIS CRIANÇAS VESTEM CAMISETAS DA MESMA COR.

A) MARQUE UM **X** NAS CRIANÇAS DE CAMISETA **AZUL**.

B) MARQUE UM **O** NAS CRIANÇAS DE CAMISETA **VERMELHA**.

C) MARQUE UM **△** NAS CRIANÇAS DE CAMISETA **CINZA**.

Ilustrações: Ilustra Cartoon/Arquivo da editora

5 O QUE TIAGO DEVE FAZER COM A LATINHA DE SUCO? PINTE DE ACORDO COM O CÓDIGO E DESCUBRA.

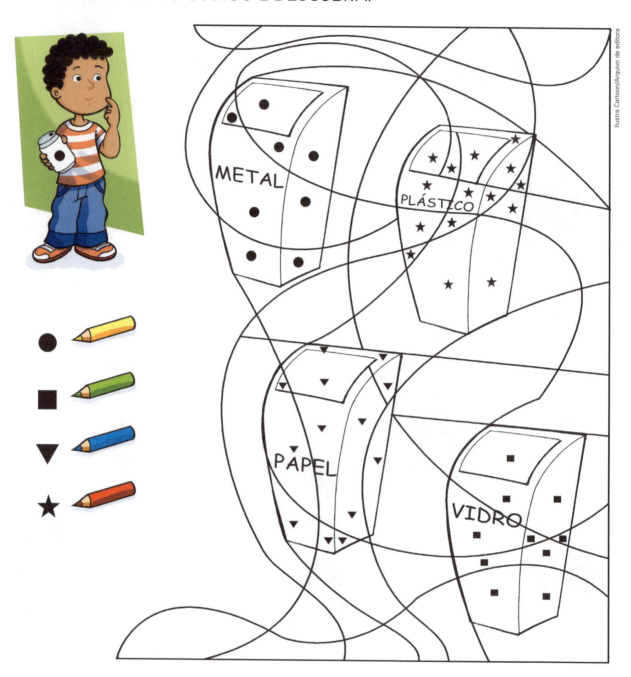

SAIBA MAIS

OBJETOS DE METAL, PLÁSTICO, VIDRO E PAPEL PODEM SER SEPARADOS PARA RECICLAGEM. E CADA UM TEM UMA LIXEIRA DE COR DIFERENTE!

6 TIAGO E SEUS FAMILIARES COSTUMAM SEPARAR AS EMBALAGENS PARA RECICLAGEM EM CASA. OBSERVE A QUANTIDADE DE EMBALAGENS QUE ELES JUNTARAM EM UMA SEMANA.

PARA REGISTRAR ESSA QUANTIDADE, TIAGO MONTOU UM GRÁFICO.

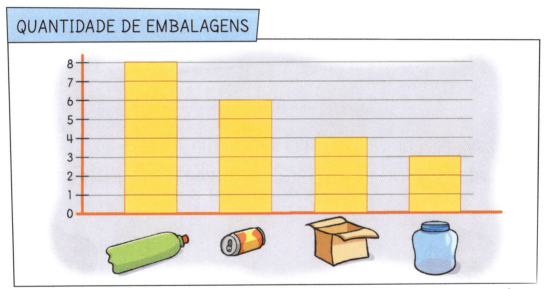

QUANTIDADE DE EMBALAGENS

FONTE: TIAGO (DADOS FICTÍCIOS)

A) QUANTAS EMBALAGENS DE CADA TIPO FORAM SEPARADAS NA CASA DE TIAGO? COMPLETE A TABELA A SEGUIR.

QUANTIDADE DE EMBALAGENS

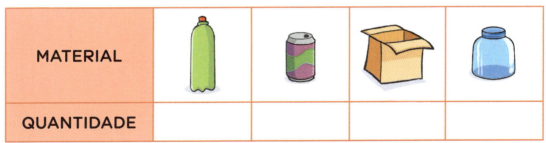

MATERIAL				
QUANTIDADE				

FONTE: TIAGO (DADOS FICTÍCIOS)

B) QUANTAS EMBALAGENS A FAMÍLIA DE TIAGO JUNTOU AO TODO? ....

LINHAS RETAS E LINHAS CURVAS

COM 2 COPOS DE PLÁSTICO E UM PEDAÇO DE BARBANTE, GABRIELA CONSTRUIU UM TELEFONE.

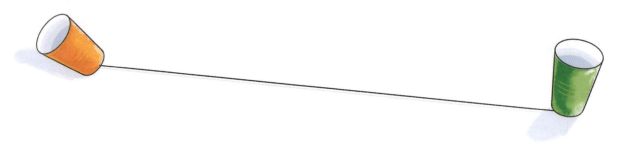

AGORA, ELA BRINCA COM O IRMÃO DELA.

O BARBANTE DO BRINQUEDO LEMBRA UMA LINHA RETA.

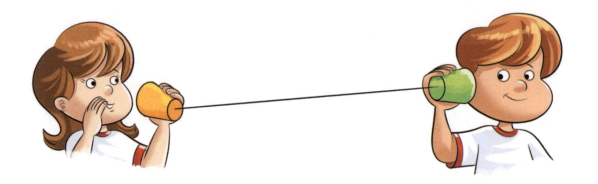

AS CRIANÇAS CANSARAM DA BRINCADEIRA E COLOCARAM O BRINQUEDO SOBRE UMA MESA. AGORA O BARBANTE LEMBRA UMA LINHA CURVA.

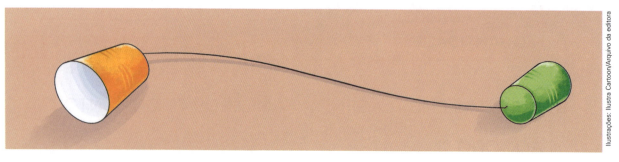

Ilustrações: Ilustra Cartoon/Arquivo da editora

ATIVIDADES

1 PEDRO E MARIANA GOSTAM DE BRINCAR DE AMARELINHA. VOCÊ CONHECE ESSE JOGO? SABE COMO SE BRINCA?

TERMINE OS DESENHOS DA AMARELINHA, PASSANDO O LÁPIS **VERMELHO** NAS LINHAS CURVAS E O LÁPIS **AZUL** NAS LINHAS RETAS.

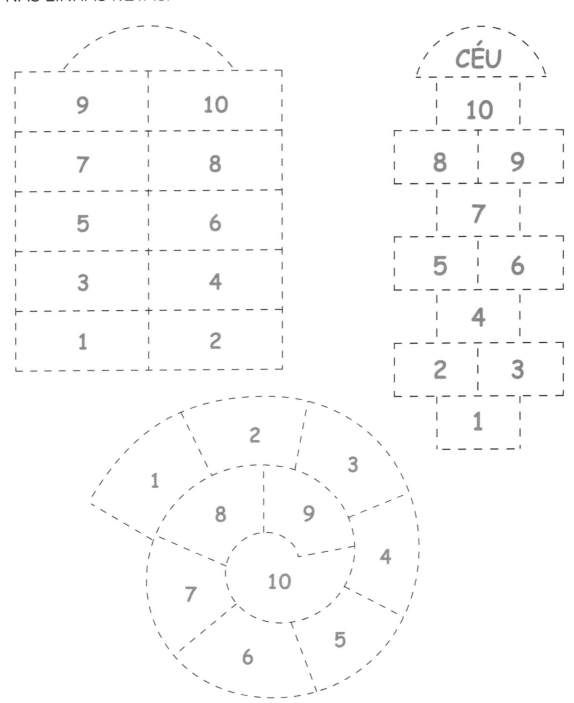

2 TADEU PODE PERCORRER 2 CAMINHOS DIFERENTES PARA CHEGAR ATÉ A ESCOLA. OBSERVE O CAMINHO QUE ELE ESCOLHEU.

AS IMAGENS NÃO ESTÃO REPRESENTADAS EM PROPORÇÃO.

O CAMINHO PERCORRIDO POR TADEU LEMBRA UMA:

☐ LINHA RETA.   ☐ LINHA CURVA.

3 LUCIANA CRIOU UMA FIGURA USANDO APENAS LINHAS RETAS. CRIE TAMBÉM UMA FIGURA QUE TENHA SOMENTE LINHAS RETAS. DEPOIS, PINTE O QUE VOCÊ DESENHOU.

LINHAS ABERTAS E LINHAS FECHADAS

ARI E DORA FIZERAM DESENHOS NA LOUSA.

MINHA LINHA É FECHADA.

E A MINHA LINHA É ABERTA.

Ilustra Cartoon/Arquivo da editora

A) QUEM DESENHOU UMA LINHA ABERTA?

☐ ARI ☐ DORA

B) A COR DA LINHA ABERTA É:

☐ BRANCA. ☐ AZUL.

C) QUE TIPO DE LINHA ARI DESENHOU?

☐ FECHADA ☐ ABERTA

D) A COR DA LINHA FECHADA É:

☐ VERMELHA. ☐ AZUL.

ATIVIDADES

1 FAÇA UMA LINHA FECHADA PARA AGRUPAR A GALINHA E OS PINTINHOS.

Avalone/Arquivo da editora

2 LIGUE AS FIGURAS SEGUINDO A ORDEM DAS CORES DA LEGENDA.

AGORA, MARQUE COM UM **X** O TIPO DE LINHA QUE VOCÊ TRAÇOU.

☐ ABERTA   ☐ FECHADA

3 OBSERVE A PINTURA ABAIXO. ALGUMAS FRUTAS ESTÃO DENTRO DO PRATO E OUTRAS ESTÃO FORA. FAÇA UM **X** NAS FRUTAS QUE ESTÃO FORA DO PRATO.

● **NATUREZA MORTA COM MAÇÃS (DO INGLÊS "STILL LIFE WITH APPLES")**, DE PAUL CÉZANNE. *CIRCA* 1890. ÓLEO SOBRE TELA. 35,2 cm × 46,3 cm. MUSEU HERMITAGE, EM SÃO PETERSBURGO, RÚSSIA.

4 OBSERVE A PINTURA.

● **O PROBLEMA VEM EM TRÊS (DO INGLÊS "TROUBLE COMES IN THREE")**, DE ALPHONSE MARX. SÉCULO XIX. ÓLEO SOBRE TELA. 35,2 cm × 46,3 cm. COLEÇÃO PRIVADA, GALERIA BOURNE, EM REIGATE, INGLATERRA.

AGORA, RESPONDA:

● QUANTOS GATOS ESTÃO NO INTERIOR DO CESTO? ....

5

COLEÇÕES E AGRUPAMENTOS

NOÇÃO DE CONJUNTO

A PROFESSORA DE MILENA PERGUNTOU PARA A TURMA QUEM COLECIONA ALGUM OBJETO. OBSERVE O QUE ALGUNS ALUNOS DISSERAM.

EXPLORE A **PÁGINA +** E DIVIRTA-SE!

EU TENHO UMA COLEÇÃO DE BONECOS DE SUPER-HERÓIS.

A MINHA COLEÇÃO É DE BONÉS.

EU COMECEI UMA COLEÇÃO DE CARRINHOS.

Ilustrações: Ilustra Cartoon/Arquivo da editora

OBSERVE AS COLEÇÕES DE OBJETOS DESSES ALUNOS.

DAMOS O NOME DE **CONJUNTO** A TODO **GRUPO** OU **COLEÇÃO**.

ATIVIDADES

1 A TURMA DO PRIMEIRO ANO ESTÁ JUNTANDO GARRAFAS PET, CAIXAS DE PAPELÃO E POTES DE IOGURTE PARA FAZER BRINQUEDOS NO FINAL DO ANO. OBSERVE O GRÁFICO DA ARRECADAÇÃO DESSES MATERIAIS.

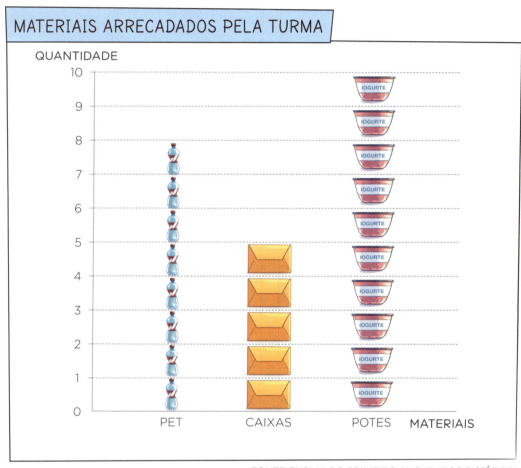

FONTE: TURMA DO PRIMEIRO ANO (DADOS FICTÍCIOS)

AGORA, COMPLETE A TABELA ESCREVENDO A QUANTIDADE ARRECADADA DE CADA MATERIAL.

MATERIAIS ARRECADADOS PELA TURMA

FONTE: TURMA DO PRIMEIRO ANO (DADOS FICTÍCIOS)

Ilustrações: Ilustra Cartoon/Arquivo da editora

2 COMPLETE OS GRUPOS ABAIXO DESENHANDO ANIMAIS, FRUTAS E FLORES.

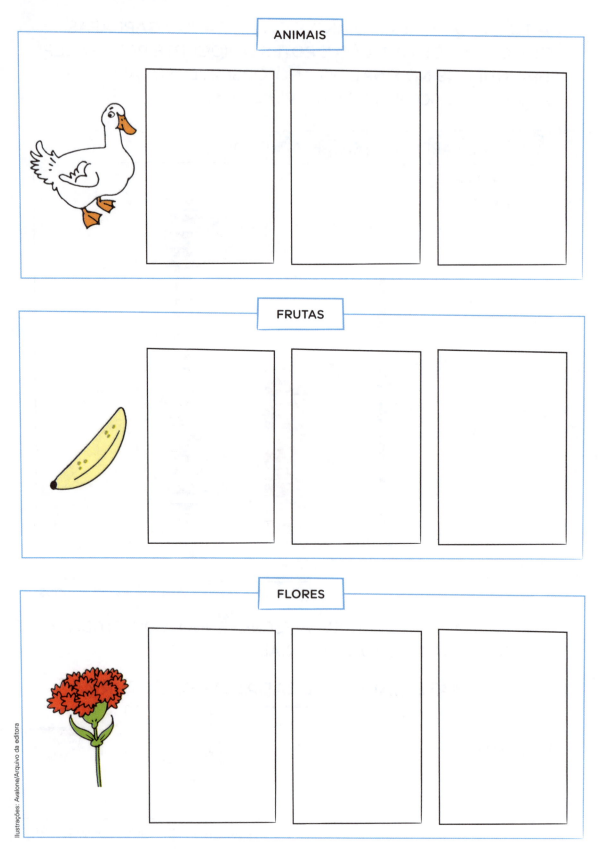

3 VOCÊ VAI DESENHAR COLEÇÕES!

A) DESENHE ALGUM OBJETO QUE VOCÊ COLECIONA OU GOSTARIA DE COLECIONAR.

ESTA É UMA COLEÇÃO DE ....

ESCOLHIDA POR ....

B) AGORA, FORME UMA DUPLA E DESENHE ALGUM OBJETO QUE SEU COLEGA COLECIONA OU GOSTARIA DE COLECIONAR.

ESTA É UMA COLEÇÃO DE ....

ESCOLHIDA POR ....

4 CERQUE COM UMA LINHA OS OBJETOS ABAIXO PARA AGRUPÁ-LOS:

- POR CORES.

- POR TAMANHOS IGUAIS.

5 JANETE TEM ALGUNS BOMBONS E RESOLVEU DIVIDIR ENTRE SEUS DOIS PRIMOS. PARA ISSO, JANETE COMEÇOU A AGRUPAR OS BOMBOMS DE 2 EM 2.

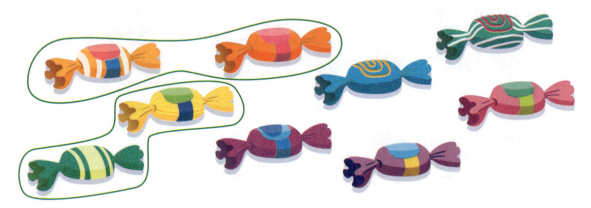

A) CONTINUE AGRUPANDO OS BOMBONS DE 2 EM 2.

B) QUANTOS BOMBONS JANETE TEM? ....

C) JANETE DEU 2 GRUPOS DE BOMBONS PARA LEO. OS OUTROS BOMBONS ELA DEU PARA CÉSAR. OS MENINOS RECEBERAM A MESMA QUANTIDADE DE BOMBONS?

☐ SIM   ☐ NÃO

6 QUANTAS CRIANÇAS APARECEM NA CENA? LIGUE CADA UMA DELAS A UM LIVRO.

AS IMAGENS NÃO ESTÃO REPRESENTADAS EM PROPORÇÃO.

Ilustrações: Ilustra Cartoon/Arquivo da editora

A) HÁ MAIS CRIANÇAS OU MAIS LIVROS?

☐ CRIANÇAS   ☐ LIVROS

B) QUANTOS LIVROS SOBRARAM? ....

7 BETO, JULIANA E DANIEL COLECIONAM LIVROS DE CONTOS. CERQUE COM UMA LINHA **VERDE** A CRIANÇA COM MAIS LIVROS. DEPOIS, CERQUE COM UMA LINHA **ROXA** A CRIANÇA COM MENOS LIVROS.

CRIAÇÃO DE MOSAICOS

MATERIAL NECESSÁRIO

- TESOURA COM PONTAS ARREDONDADAS
- COLA
- JORNAIS, REVISTAS, PAPÉIS DE EMBALAGENS, ETC.

ARTE EM PEDACINHOS

MOSAICO É UMA TÉCNICA ARTÍSTICA DE COMPOR DESENHOS COM VÁRIAS PEÇAS OU PAPÉIS COLORIDOS, COMO UM QUEBRA-CABEÇA. OS ARTISTAS APROVEITAM DIVERSOS TIPOS DE MATERIAL, COMO PEDRA, VIDRO, CERÂMICA, ESPELHO, COURO, PAPEL E ATÉ METAIS PRECIOSOS.

Fabio Colombini/Acervo do fotógrafo

MOSAICO FEITO COM CERÂMICA NA CAPELINHA DE MOSAICO, SÃO BENTO DO SAPUCAÍ, SÃO PAULO. FOTO DE 2017.

Daniela Kresch/Folhapress

MOSAICO FEITO COM PEDRAS COLORIDAS NO MURO DA FRONTEIRA DE ISRAEL COM A FAIXA DE GAZA. FOTO DE 2018.

PODEMOS ENCONTRAR COMPOSIÇÕES GEOMÉTRICAS NO CALÇAMENTO DE RUAS FORMANDO MOSAICOS. OBSERVE O PISO DA CALÇADA ABAIXO.

MOSAICO FEITO COM PEDRAS NA CALÇADA DA PRAÇA GENERAL OSÓRIO, CURITIBA, PARANÁ. FOTO DE 2018.

Alf Ribeiro/Shutterstock

AGORA O ARTISTA É VOCÊ!

FAÇA UM DESENHO SIMPLES. VOCÊ PODE ESCOLHER QUALQUER IMAGEM: UM OBJETO, UM ANIMAL OU UMA PAISAGEM.

EM SEGUIDA, COM A TESOURA, RECORTE OS PAPÉIS EM PEQUENOS PEDAÇOS, COLE-OS NA IMAGEM E FAÇA SEU PRÓPRIO MOSAICO.

UNIDADE 2

NÚMEROS NATURAIS

Bruna Assis Brasil/Arquivo da editora

6ª PROVA CICLÍSTICA DA PAZ

CHEGADA

ENTRE NESTA RODA

- QUANTAS PESSOAS ESTÃO NA TORCIDA? HÁ MAIS CRIANÇAS OU ADULTOS?

- QUANTAS BANDEIRAS DA MESMA COR DO CICLISTA DE CAMISETA AMARELA VOCÊ VÊ NA TORCIDA?

- QUANTAS PESSOAS QUE APARECEM NA CENA PARTICIPAM DA PROVA DE CICLISMO?

NESTA UNIDADE VAMOS ESTUDAR...

- NÚMEROS

- CONTAGEM DE ROTINA

- REPRESENTAÇÃO, COMPARAÇÃO E ORDENAÇÃO

NÚMEROS NAS BRINCADEIRAS

FLÁVIA E DANILO ESTÃO BRINCANDO DE AMARELINHA. CRISTIANO E MARIA ESTÃO BRINCANDO DE TRILHA NUMERADA. OBSERVE OS NÚMEROS NAS BRINCADEIRAS.

Ilustra Cartoon/Arquivo da editora

ATIVIDADES

EXPLORE A
PÁGINA +
E DIVIRTA-SE!

1 OBSERVE A IMAGEM DA PÁGINA ANTERIOR.

A) POR QUAIS CASAS FLÁVIA AINDA PASSARÁ ATÉ CHEGAR AO 10 NA AMARELINHA?

....

....

B) E NA TRILHA? POR QUAIS CASAS CRISTIANO AINDA DEVERÁ PASSAR PARA ATINGIR A SAÍDA DA TRILHA?

....

....

2 COMPLETE OS NÚMEROS DA AMARELINHA.

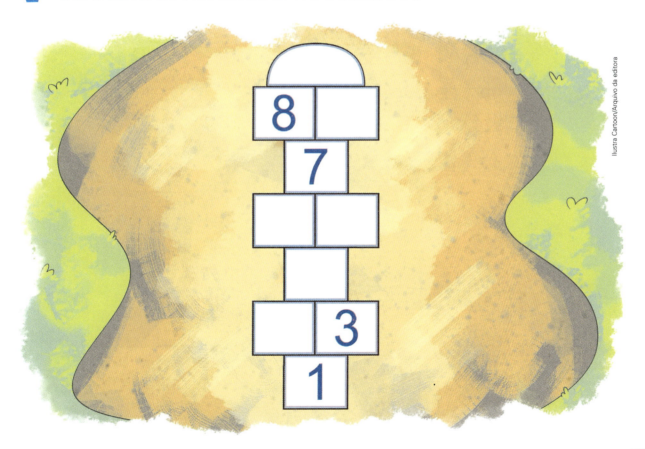

Ilustra Cartoon/Arquivo da editora

3 PEDRO FORMOU 3 PARES NO JOGO DA MEMÓRIA. COMPLETE AS CARTAS COM OS NÚMEROS CORRESPONDENTES.

TRÊS

CINCO

UM

4 PINTE DA MESMA COR AS FIGURAS QUE REPRESENTAM A MESMA QUANTIDADE.

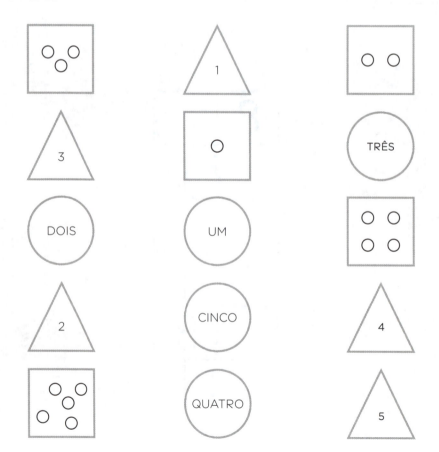

5 COMPLETE O QUADRO COM BOLINHAS COLORIDAS OU TRACINHOS PARA REPRESENTAR A QUANTIDADE DE CRIANÇAS. DEPOIS, ESCREVA O NÚMERO CORRESPONDENTE A CADA QUANTIDADE.

CRIANÇAS	BOLINHAS OU TRACINHOS	QUANTIDADE

Ilustrações: Avalone/Arquivo da editora

6 COPIE OS NÚMEROS SEGUINDO OS MOVIMENTOS INDICADOS PELAS SETAS.

Fotografias: Dotta2/Arquivo da editora

	1		*um*
	2		*dois*
	3		*três*
	4		*quatro*
	5		*cinco*
	6		*seis*
	7		*sete*
	8		*oito*
	9		*nove*

7 QUANTAS PESSOAS HÁ EM CADA CENA? FAÇA UMA ESTIMATIVA.

| 7 | 2 | 9 | |

| 9 | 5 | 3 | |

A) MARQUE COM UM **X** O NÚMERO ESTIMADO EM CADA CENA.

B) AGORA, ESCREVA NO QUADRINHO O NÚMERO QUE VOCÊ MARCOU.

AS IMAGENS NÃO ESTÃO REPRESENTADAS EM PROPORÇÃO.

8 OBSERVE O EXEMPLO ABAIXO. DEPOIS, COMPLETE.

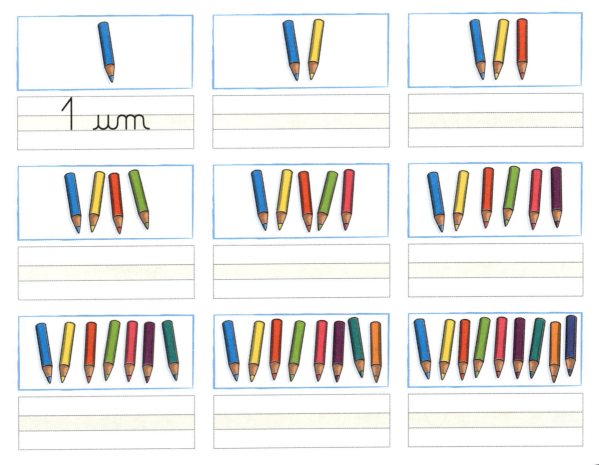

1 um

O NÚMERO ZERO

OS ALUNOS VÃO BRINCAR DE BOLA NO RECREIO.

A) QUANTAS BOLAS HÁ NA CAIXA? ....

B) QUANTOS ALUNOS HÁ NA CENA? ....

C) SE CADA CRIANÇA PEGAR UMA BOLA, QUANTAS BOLAS

SOBRARÃO? ....

REPRESENTAMOS ESSA SITUAÇÃO COM
O NÚMERO ZERO.

> ZERO → 0

D) AGORA, ESCREVA O NÚMERO ZERO.

Ilustrações: Ilustra Cartoon/Arquivo da editora

ATIVIDADE

- HÁ MAIS CRIANÇAS NO BALANÇO OU BRINCANDO DE RODA? FAÇA UMA ESTIMATIVA.

Ilustra Cartoon/Arquivo da editora

AGORA, OBSERVE A CENA E RESPONDA.

A) QUANTAS CRIANÇAS APARECEM BRINCANDO NO PARQUE?

B) QUANTAS CRIANÇAS ESTÃO BRINCANDO DE RODA?

C) E QUANTAS CRIANÇAS ESTÃO NA GANGORRA?

D) QUANTOS BALANÇOS ESTÃO OCUPADOS?

E) QUANTAS CRIANÇAS ESTÃO SENTADAS NO CHÃO?

COMPARANDO QUANTIDADES

A PROFESSORA CAMILA DISTRIBUIU ALGUMAS PEÇAS COLORIDAS AOS ALUNOS. PEDRO E OS COLEGAS DELE EMPILHARAM AS PEÇAS.

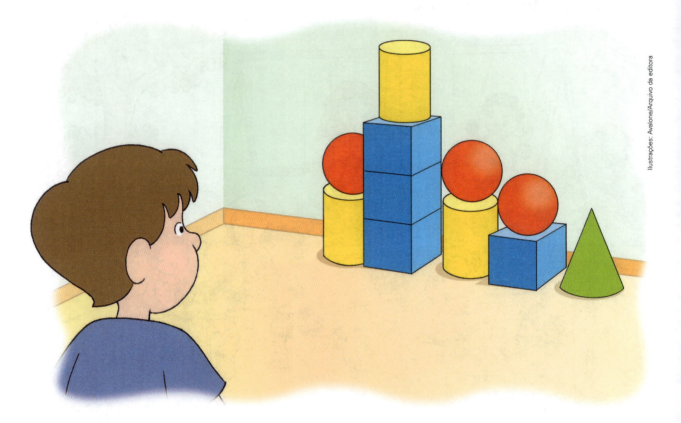

Ilustrações: Avalone/Arquivo da editora

- QUANTAS PEÇAS DE CADA TIPO OS ALUNOS USARAM? INDIQUE A QUANTIDADE PINTANDO OS RETÂNGULOS ABAIXO.

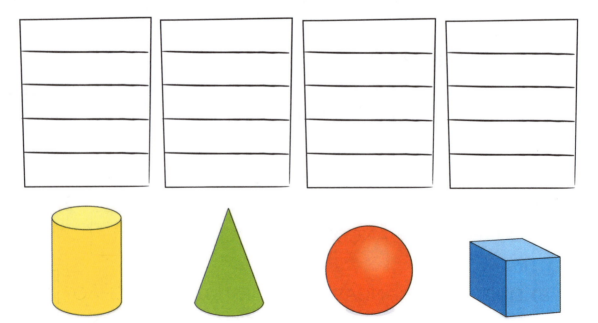

ATIVIDADES

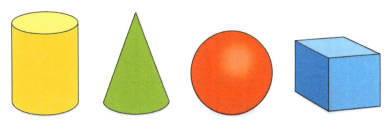

1 OBSERVE A IMAGEM DA PÁGINA ANTERIOR.

A) CERQUE COM UMA LINHA **AZUL** O TIPO DE PEÇA USADO EM MAIOR QUANTIDADE NA CONSTRUÇÃO.

B) AGORA, CERQUE COM UMA LINHA **VERDE** OS 2 TIPOS DE PEÇAS QUE FORAM USADOS EM QUANTIDADES IGUAIS.

2 PEDRO ESTÁ CONTANDO AS PEÇAS PARA A BRINCADEIRA DE MONTAR FIGURAS. VAMOS AJUDAR.

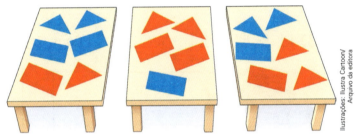

Ilustrações: Ilustra Cartoon/ Arquivo da editora

A) QUANTOS SÃO OS ▲ ?

B) E QUANTOS SÃO OS ▲ ?

C) HÁ MAIS ▲ OU ▲ ? ....

D) A QUANTIDADE DE ▲ E DE ▲ É:

☐ IGUAL.   ☐ DIFERENTE.

E) QUANTOS SÃO OS ▬ ?

F) E QUANTOS SÃO OS ▬ ?

G) A QUANTIDADE DE ▬ E DE ▬ É:

☐ IGUAL.   ☐ DIFERENTE.

3 ACOMPANHE A LEITURA E DESENHE A QUANTIDADE DE LIVROS QUE CADA CRIANÇA LEU.

A) PAULA LEU 5 LIVROS E RENATO TAMBÉM.

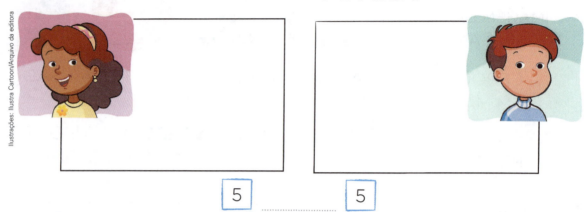

5 5

B) LUÍS LEU 2 LIVROS E RITA LEU 1.

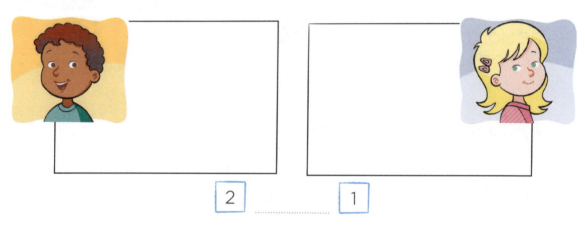

2 1

C) JUCA E O IRMÃO DELE LERAM 3 LIVROS CADA UM.

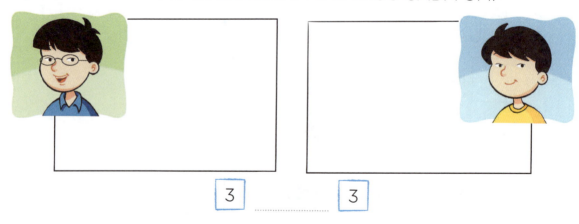

3 3

4 AGORA, VAMOS COMPARAR AS QUANTIDADES DE LIVROS. ESCREVA O SINAL = PARA INDICAR QUANTIDADES IGUAIS OU O SINAL ≠ PARA INDICAR QUANTIDADES DIFERENTES.

5 PEDRO E OS COLEGAS DELE GOSTAM DE RECITAR VERSOS.
VAMOS RECITAR TAMBÉM?

NA ARCA DE NOÉ

MUITOS ANIMAIS SE ABRIGARAM

PARA SE PROTEGER DA TEMPESTADE

QUE AOS POUCOS SE APROXIMAVA.

DESENHE OS ANIMAIS NAS ARCAS DE ACORDO COM O NÚMERO
INDICADO. DEPOIS, COMPARE AS QUANTIDADES USANDO O SINAL
= OU ≠.

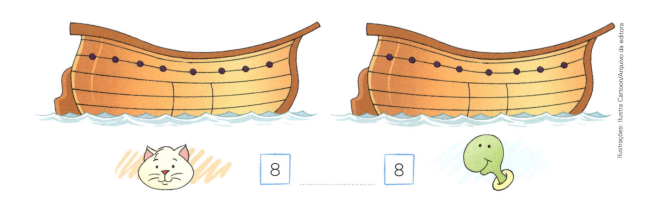

8 8

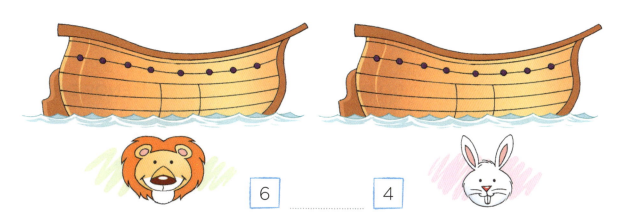

6 4

Ilustrações: Ilustra Cartoon/Arquivo da editora

MAIOR DO QUE E MENOR DO QUE

A PROFESSORA SABRINA FEZ UMA PESQUISA PARA SABER QUANTOS LIVROS OS ALUNOS DA SUA TURMA HAVIAM LIDO NO MÊS ANTERIOR.

AS BARRINHAS COLORIDAS REPRESENTAM A QUANTIDADE DE LIVROS LIDOS.

FONTE: TURMA DA PROFESSORA SABRINA (DADOS FICTÍCIOS)

COMPARE A QUANTIDADE DE LIVROS LIDOS PELO GRUPO **A** COM A QUANTIDADE DE LIVROS LIDOS PELO GRUPO **B**.

GRUPO **A**

GRUPO **B**

9 É MAIOR DO QUE 7.

PARA INDICAR QUE UMA QUANTIDADE É **MAIOR DO QUE** OUTRA, USAMOS O SINAL >.

9 > 7

9 É MAIOR DO QUE 7.

PARA INDICAR QUE UMA QUANTIDADE É **MENOR DO QUE** OUTRA, USAMOS O SINAL <.

7 < 9

7 É MENOR DO QUE 9.

ATIVIDADES

1 OBSERVE O NÚMERO QUE ACOMPANHA AS CRIANÇAS. DEPOIS DESENHE OS OBJETOS EM QUE ELAS ESTÃO PENSANDO DE ACORDO COM A QUANTIDADE INDICADA. VEJA O EXEMPLO.

Ilustrações: Ilustra Cartoon/
Arquivo da editora

AGORA, RESPONDA:

A) 1 É MAIOR DO QUE 5? ☐ SIM ☐ NÃO

B) 3 É MENOR DO QUE 4? ☐ SIM ☐ NÃO

C) 1 É MAIOR DO QUE 2? ☐ SIM ☐ NÃO

D) 2 É MENOR DO QUE 5? ☐ SIM ☐ NÃO

2 COMPLETE USANDO > OU <.

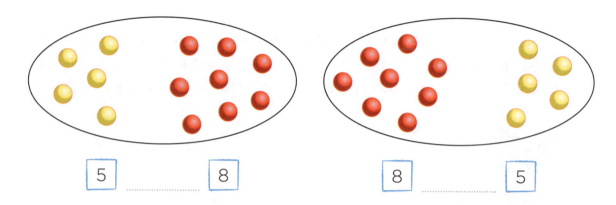

5 8   8 5

3 CAROL E JOÃO BRINCAM COM BOLINHAS NA HORA DO RECREIO.

Ilustrações: Ilustra Cartoon/Arquivo da editora

OBSERVE A QUANTIDADE DE BOLINHAS.

A) QUANTAS BOLINHAS SÃO AMARELAS?

B) QUANTAS BOLINHAS SÃO VERMELHAS?

C) AS BOLINHAS AMARELAS SÃO DE JOÃO. AS BOLINHAS VERMELHAS SÃO DE CAROL. QUEM TEM MAIS BOLINHAS?

CAROL   JOÃO

ORDENAÇÃO DE NÚMEROS

ORDEM CRESCENTE E ORDEM DECRESCENTE

LUCIANA GUARDOU AS BOLINHAS DELA EM VÁRIOS CESTOS.

VEJA ABAIXO COMO LUCIANA ORGANIZOU AS BOLINHAS. DEPOIS ESCREVA NOS QUADRINHOS QUANTAS BOLINHAS HÁ EM CADA CESTO.

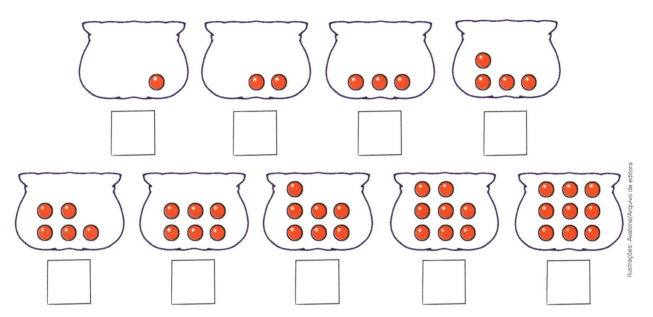

OS CESTOS COM BOLINHAS ESTÃO ORGANIZADOS EM **ORDEM CRESCENTE** DE QUANTIDADE.

COMO SERÁ QUE LUCIANA ORGANIZOU AS BOLINHAS ABAIXO?

AJUDE LUCIANA, DESENHANDO AS BOLINHAS QUE FALTAM.

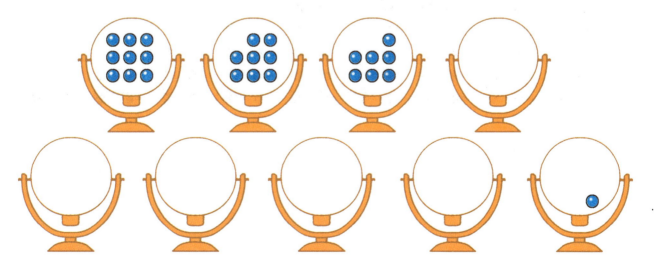

DESSA VEZ, LUCIANA ARRUMOU AS BOLINHAS EM **ORDEM DECRESCENTE** DE QUANTIDADE.

ATIVIDADES

1 PINTE A QUANTIDADE DE QUADRINHOS INDICADA.

| 1 | 2 | 3 | 4 | 5 |

MARQUE COM UM **X**. VOCÊ PINTOU OS QUADRINHOS:

☐ EM ORDEM CRESCENTE DE QUANTIDADE.

☐ EM ORDEM DECRESCENTE DE QUANTIDADE.

2 QUANTOS CARRINHOS HÁ EM CADA COLUNA? ESCREVA NOS QUADRINHOS.

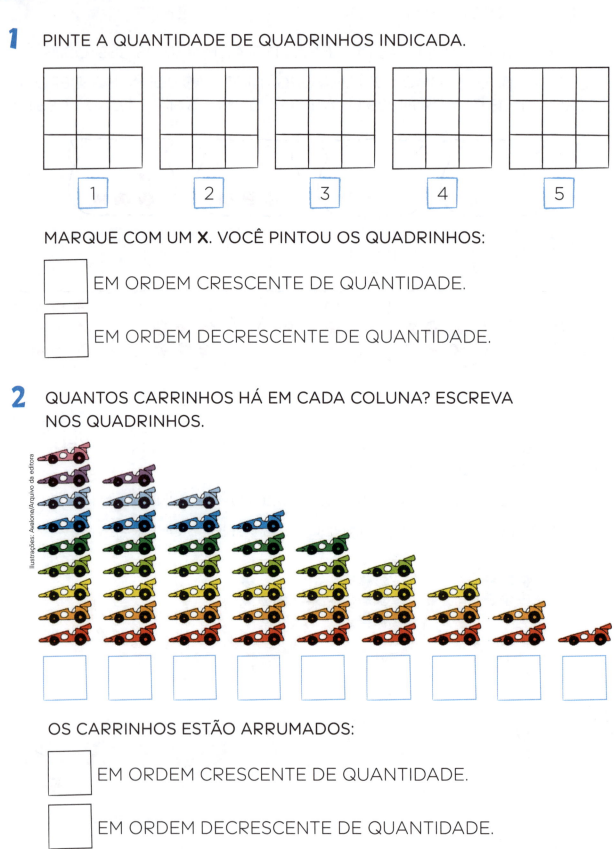

Ilustrações: Avalone/Arquivo da editora

OS CARRINHOS ESTÃO ARRUMADOS:

☐ EM ORDEM CRESCENTE DE QUANTIDADE.

☐ EM ORDEM DECRESCENTE DE QUANTIDADE.

3 CERQUE COM UMA LINHA OS NÚMEROS ESCRITOS POR EXTENSO NA PARLENDA.

UM, DOIS, FEIJÃO COM ARROZ

TRÊS, QUATRO, FEIJÃO NO PRATO

CINCO, SEIS, BOLO INGLÊS

SETE, OITO, COMER BISCOITO

NOVE, DEZ, COMER PASTÉIS.

O TESOURO DAS CANTIGAS PARA CRIANÇAS, DE ANA MARIA MACHADO (ORG.). RIO DE JANEIRO: NOVA FRONTEIRA, 2001.

A) AGORA, COMPLETE A FRASE: OS NÚMEROS NA PARLENDA

ESTÃO EM ORDEM ....

B) ESCREVA OS NÚMEROS DA PARLENDA EM ORDEM CRESCENTE USANDO O SINAL <.

....

C) ESCREVA OS NÚMEROS DA PARLENDA EM ORDEM DECRESCENTE USANDO O SINAL >.

....

4 LIGUE OS PONTOS SEGUINDO A ORDEM CRESCENTE DOS NÚMEROS E DESCUBRA QUAL É A FIGURA.

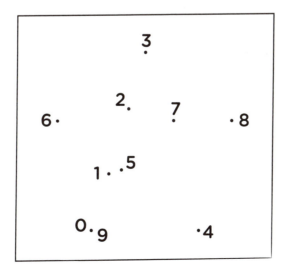

A RETA NUMÉRICA

UMA DAS MANEIRAS DE ORGANIZAR NÚMEROS É USAR A RETA NUMÉRICA. OBSERVE COMO NÁDIA E VÍTOR FIZERAM.

NÁDIA CONTOU OS NÚMEROS DA RETA. OBSERVE O QUE ELA CONCLUIU.

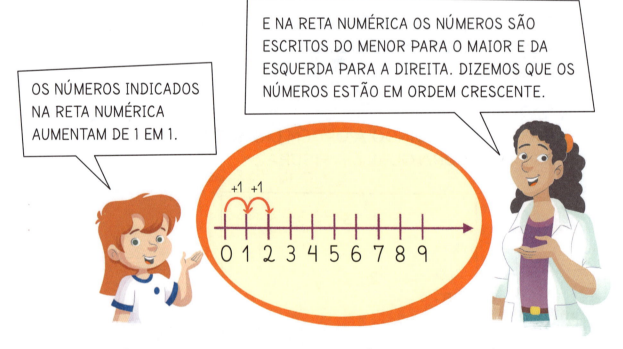

O NÚMERO 7, POR EXEMPLO, ESTÁ ANTES DO NÚMERO 9. DIZEMOS QUE 7 É MENOR DO QUE 9.

O NÚMERO 7 ESTÁ DEPOIS DO NÚMERO 5. DIZEMOS QUE 7 É MAIOR DO QUE 5.

ATIVIDADES

1 CONTE ORALMENTE DE 0 A 9, DE 1 EM 1. DEPOIS, ESCREVA NOS QUADRINHOS OS NÚMEROS QUE FALTAM.

0 [ ] [ ] 3 [ ] [ ] [ ] 7 [ ] [ ]

2 QUAL NÚMERO INDICADO NA RETA NUMÉRICA ESTÁ LOCALIZADO IMEDIATAMENTE ANTES DO:

A) 2? [ ]   **B)** 5? [ ]

3 QUAL NÚMERO INDICADO NA RETA NUMÉRICA ESTÁ LOCALIZADO IMEDIATAMENTE DEPOIS DO:

A) 2? [ ]   **B)** 5? [ ]

4 OBSERVE OS NÚMEROS NA RETA NUMÉRICA.

0   1   2   3   4   5   6   7   8   9   10

AGORA, COMPARE OS NÚMEROS DE CADA ITEM, ESCREVENDO **É MENOR DO QUE**, **É MAIOR DO QUE** OU **É IGUAL A**.

A) 10 .... 9.

B) 9 .... 10.

C) 10 .... 10.

D) 9 .... 7.

MANCALA: UM JOGO AFRICANO

VAMOS CONHECER ESSE JOGO DE TABULEIRO?

O JOGO MANCALA SE ORIGINOU NO EGITO HÁ MUITOS ANOS. EXISTEM MUITAS VERSÕES DO JOGO MANCALA, USADAS EM DIVERSOS PAÍSES DA ÁFRICA.

OS TABULEIROS DO JOGO SÃO FORMADOS POR **CAVAS** E OÁSIS. PODEM SER CONSTRUÍDOS NA TERRA, EM MADEIRA OU ATÉ COM CAIXAS DE OVOS.

CAVAS: BURACOS FEITOS EM TERRA, EM PEDRA, EM MADEIRA OU EM OUTROS MATERIAIS.

● TABULEIRO DE MANCALA NA TERRA. CAMPO DE REFUGIADOS EM ACOWA, UGANDA. FOTOGRAFIA DE 2009.

O JOGO MANCALA TAMBÉM É CONHECIDO COMO **JOGO DE SEMEADURA!**

● TABULEIRO DE CAIXA DE OVOS.

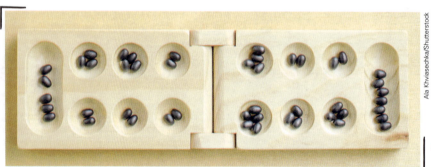

● TABULEIRO DE MADEIRA.

ACOMPANHE A LEITURA DAS REGRAS DO JOGO MANCALA. DEPOIS, JOGUE UMA PARTIDA COM UM COLEGA.

1 PENSE NA PARTIDA DE MANCALA QUE VOCÊ JOGOU.

A) QUANTAS SEMENTES VOCÊ CAPTUROU? E O SEU COLEGA?

EU CAPTUREI .... SEMENTES.

MEU COLEGA CAPTUROU .... SEMENTES.

B) DESENHE ABAIXO AS SEMENTES AO FIM DA PARTIDA COM SEU COLEGA.

Banco de Imagem/Arquivo da editora

2 AGORA, RESPONDA ORALMENTE.

A) VOCÊ SABE ONDE ESTÁ LOCALIZADA A ÁFRICA?

B) CONHECE O NOME DE ALGUM PAÍS AFRICANO? QUAL?

Reprodução/Freepik_com

3 SOBRE O JOGO MANCALA, RESPONDA:

A) QUANTAS SEMENTES HÁ EM CADA CASA NO INÍCIO DA

PARTIDA DO JOGO? ....

B) QUANTAS SÃO AS CAVAS MENORES? E QUANTOS OÁSIS?

....

C) QUANTAS SÃO AS SEMENTES AO TODO? ....

7 SISTEMA DE NUMERAÇÃO

A DEZENA

CADA GRUPO COM 10 PEDRINHAS REPRESENTA 10 OVELHAS.

ENTÃO, SE SÃO 4 GRUPOS DE PEDRINHAS, MAIS AS 2 QUE SOBRARAM, SÃO 42 OVELHAS.

AGORA, VOU TROCAR CADA GRUPO DE 10 PEDRINHAS POR UM GALHO.

AH, ENTÃO CADA GALHO REPRESENTA 10 OVELHAS.

Ilustrações: Ilustra Cartoon/Arquivo da editora

VEJA COMO ALINE ARRUMOU ESTES 10 CUBINHOS DO MATERIAL DOURADO:

DEPOIS, ELA EMPILHOU OS 10 CUBINHOS DE OUTRA MANEIRA:

ESTA PILHA DE 10 CUBOS FORMA UMA BARRA.

ALINE E LEO ESTÃO FORMANDO BARRAS COM CUBINHOS. QUEM CONSEGUIU FORMAR MAIS BARRAS?

Ilustrações: Ilustra Cartoon/ Arquivo da editora

- ALINE FORMOU:

- LEO FORMOU:

DESTAQUE AS PEÇAS DO MATERIAL DOURADO DO **CADERNO DE CRIATIVIDADE E ALEGRIA**. GUARDE AS PEÇAS NO ENVELOPE, POIS ELAS SERÃO USADAS NOVAMENTE!

UM GRUPO DE 10 UNIDADES É CHAMADO DE **DEZENA**. CADA ELEMENTO DESSE GRUPO É CHAMADO DE **UNIDADE**. VEJA:

Ilustrações: Avalone/Arquivo da editora

1 UNIDADE

2 UNIDADES

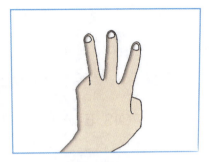

3 UNIDADES

4 UNIDADES

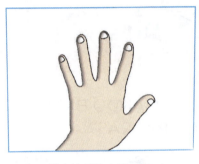

5 UNIDADES

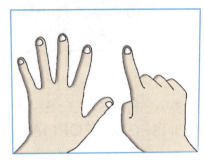

6 UNIDADES

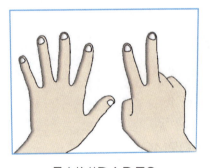

7 UNIDADES

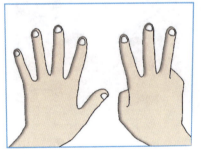

8 UNIDADES

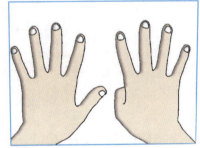

9 UNIDADES

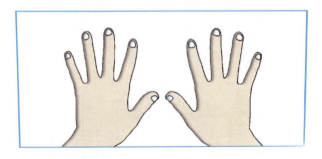

10 UNIDADES

1 DEZENA

ATIVIDADES

1 LEIA O TEXTO SOBRE A DONA BARATINHA.

AO VARRER A CASA, DONA BARATINHA ENCONTROU UMA MOEDA. GUARDOU O DINHEIRO DENTRO DE UMA CAIXINHA, SE ARRUMOU TODA E FOI PARA A JANELA PROCURAR UM NOIVO. TODA VEZ QUE PASSAVA UM BICHO, ELA PERGUNTAVA:

QUEM QUER CASAR COM A DONA BARATINHA, QUE TEM FITA NO CABELO E DINHEIRO NA CAIXINHA?

Avalone/Arquivo da editora

RESPONDA ORALMENTE: VOCÊ CONHECE ESSA HISTÓRIA? SABE COMO É A CONTINUAÇÃO DELA?

2 DESENHE, EM CADA QUADRO, AS MOEDAS QUE FALTAM PARA DONA BARATINHA COMPLETAR UMA DEZENA DE MOEDAS.

Ilustrações: Avalone/Arquivo da editora

3 DESENHE NA CAIXA A QUANTIDADE NECESSÁRIA DE LÁPIS PARA COMPLETAR UMA DEZENA.

Ilustrações: Ilustra Cartoon/Arquivo da editora

4 VEJA OS 2 GRUPOS DE IMAGENS ABAIXO. CADA UM DOS GRUPOS TEM IMAGENS COM PELO MENOS UM ELEMENTO EM COMUM. DESENHE O QUE ESTÁ FALTANDO.

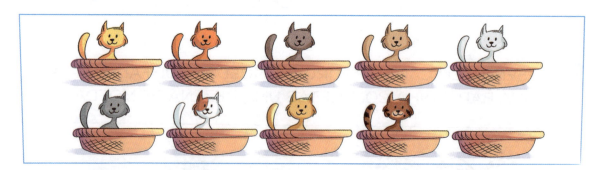

AGORA, RESPONDA:

A) QUANTOS GATINHOS FICARAM NO TOTAL?

B) QUANTOS BONÉS FICARAM NO TOTAL?

5 VEJA A QUANTIDADE DE CARRINHOS QUE TADEU COMPROU.

A) QUANTOS CARRINHOS TADEU COMPROU? ☐

B) 1 CARRINHO CORRESPONDE A ☐ UNIDADE.

C) 10 CARRINHOS CORRESPONDEM A ☐ DEZENA.

6 NO ESPAÇO ABAIXO, DESENHE UMA PEDRINHA PARA CADA DEZENA DE OVELHAS.

A) QUANTAS PEDRINHAS VOCÊ DESENHOU? ☐

B) CERQUE COM UMA LINHA O GRUPO DE OVELHAS QUE VOCÊ REPRESENTOU COM A PEDRINHA.

C) QUANTAS OVELHAS FICARAM FORA DA LINHA? ☐

O NÚMERO DEZ

PARA ESCREVER O NÚMERO **10**, USAMOS **1** E **0**, CADA UM DELES EM UMA POSIÇÃO. CADA POSIÇÃO RECEBE O NOME DE **ORDEM**.

VEJA COMO OS ALUNOS REPRESENTARAM AS QUANTIDADES DE 🟨 NO QUADRO DE ORDENS.

10

DEZENAS	UNIDADES
	6

DEZENAS	UNIDADES
1	0

- AGORA, REPRESENTE A QUANTIDADE DE OBJETOS NO QUADRO DE ORDENS.

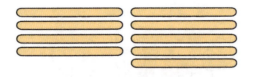

DEZENAS	UNIDADES

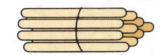

DEZENAS	UNIDADES

DEZENAS	UNIDADES

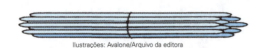

Ilustrações: Avalone/Arquivo da editora

DEZENAS	UNIDADES

SAIBA MAIS

VOCÊ SABE COMO SE ESCREVE "DEZ" EM OUTRAS LÍNGUAS? VAMOS APRENDER.

FRANCÊS → DIX   ESPANHOL → DIEZ   ITALIANO → DIECI

INGLÊS → TEN   ALEMÃO → ZEHN   AFRICÂNER → TIEN

ATIVIDADES

1 OBSERVE A QUANTIDADE DE QUADRADOS E PINTE APENAS 10.

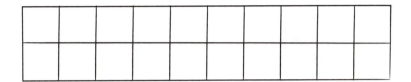

- OS QUADRADOS QUE VOCÊ PINTOU FORMAM

  .... UNIDADES, QUE FORMAM 1 DEZENA.

- AGORA, CONTINUE ESCREVENDO.

2 PINTE A ARCA EM QUE APARECEM 10 ANIMAIS.

3 LIGUE AS MOEDAS DO QUADRO **A** A UMA CÉDULA DE IGUAL VALOR DO QUADRO **B**.

A

B

Moedas e notas: reprodução Casa da Moeda do Brasil/Ministério da Fazenda

COMPLETE: .... MOEDAS DE 1 REAL EQUIVALEM A

1 CÉDULA DE .... REAIS.

AS IMAGENS NÃO ESTÃO REPRESENTADAS EM PROPORÇÃO.

4 A ESCOLA DE RITA ESTÁ REALIZANDO UMA CAMPANHA DO LIVRO. A CADA 10 LATINHAS VAZIAS ARRECADADAS, O ALUNO GANHA UM LIVRO. QUANTOS LIVROS LUÍS E RITA VÃO GANHAR? COMPLETE.

Ilustrações: Ilustra Cartoon/Arquivo da editora

LUÍS TEM .... LATINHAS.

ELE VAI GANHAR .... LIVROS.

RITA TEM .... LATINHAS.

ELA VAI GANHAR .... LIVRO.

NÚMEROS DE 11 A 19

RICARDO COLECIONA LÁPIS. ELE SEPARA A COLEÇÃO DELE POR CORES, ARRUMANDO OS LÁPIS EM CAIXINHAS COM ATÉ 10 LÁPIS CADA UMA.

VEJA A COLEÇÃO DE RICARDO:

D	U
1	1

1 DEZENA	+	1 UNIDADE	=	11 ONZE

D	U
1	2

1 DEZENA	+	2 UNIDADES	=	12 DOZE

D	U
1	3

1 DEZENA	+	3 UNIDADES	=	13 TREZE

D	U
1	4

1 DEZENA	+	4 UNIDADES	=	14 CATORZE

Ilustrações: Avalone/Arquivo da editora

D	U
1	5

1 DEZENA + 5 UNIDADES = 15 QUINZE

D	U
1	6

1 DEZENA + 6 UNIDADES = 16 DEZESSEIS

D	U
1	7

1 DEZENA + 7 UNIDADES = 17 DEZESSETE

D	U
1	8

1 DEZENA + 8 UNIDADES = 18 DEZOITO

D	U
1	9

1 DEZENA + 9 UNIDADES = 19 DEZENOVE

ATIVIDADES

1 PINTE COMO NOS EXEMPLOS. DEPOIS COMPLETE O TOTAL.

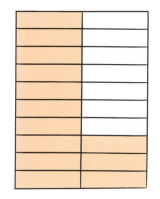

10 + 3 = 13

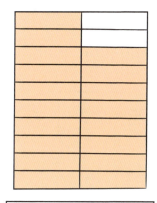

10 + 8 = 18

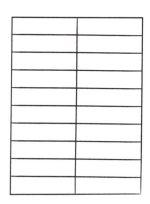

10 + 1 = ...

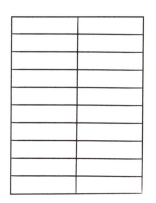

10 + 9 = 19

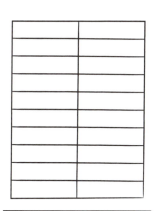

10 + 2 = ...

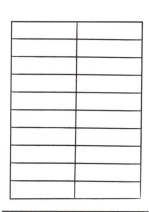

10 + 5 = ...

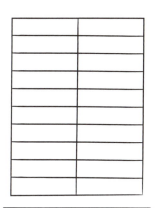

10 + 7 = ...

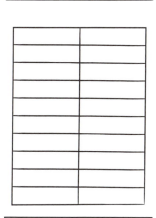

10 + 6 = ...

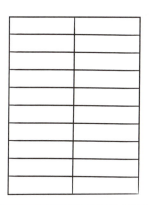

10 + 4 = ...

2 OBSERVE O EXEMPLO E CONTINUE A PREENCHER.

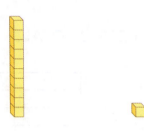

1 DEZENA + 1 UNIDADE = 11 *onze* .... *onze* ....

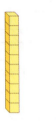

1 DEZENA + 2 UNIDADES = ☐ *doze* ....

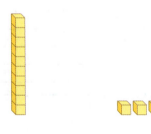

1 DEZENA + 3 UNIDADES = ☐ *treze* ....

1 DEZENA + 4 UNIDADES = ☐ *catorze* ....

1 DEZENA + 5 UNIDADES = ☐ quinze ....

1 DEZENA + 6 UNIDADES = ☐ dezesseis ....

1 DEZENA + 7 UNIDADES = ☐ dezessete ....

1 DEZENA + 8 UNIDADES = ☐ dezoito ....

1 DEZENA + 9 UNIDADES = ☐ dezenove ....

3 CERQUE COM UMA LINHA AS DEZENAS E COMPLETE O QUADRO. DEPOIS, ESCREVA O NÚMERO POR EXTENSO.

DEZENAS	UNIDADES

DEZENAS	UNIDADES

DEZENAS	UNIDADES

Ilustrações: Avalone/Arquivo da editora

DEZENAS	UNIDADES

4 NA ESCOLA DE FELIPE ESTÁ ACONTECENDO UM CAMPEONATO DE ARCO E FLECHA. OBSERVE OS RESULTADOS E COMPLETE AS OPERAÇÕES. NÃO SE ESQUEÇA DE CONSULTAR A LEGENDA DE PONTOS.

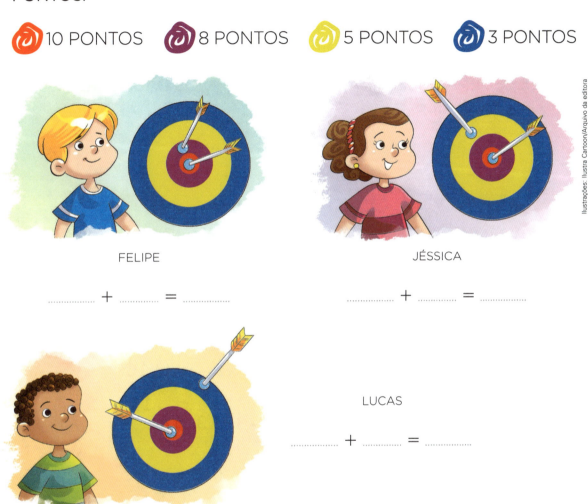

FELIPE

.... + ... = ...

JÉSSICA

.... + ... = ...

LUCAS

.... + ... = ...

AGORA, COMPLETE AS FRASES:

A) O VENCEDOR DO CAMPEONATO FOI ....

B) .... FEZ .... PONTOS.

C) .... FICOU EM SEGUNDO LUGAR.

D) .... FEZ .... PONTOS.

E) .... FICOU EM TERCEIRO LUGAR, COM

.... PONTOS.

MATEMÁTICA E DIVERSÃO

JOGANDO TRILHA

VAMOS JOGAR TRILHA? DESTAQUE OS DADOS DO **CADERNO DE CRIATIVIDADE E ALEGRIA**.

FORME UMA DUPLA COM SEU COLEGA DO LADO. CADA UM DE VOCÊS DEVERÁ DESENHAR CADA JOGADA NOS DADOS ABAIXO.

1ª JOGADA   2ª JOGADA   3ª JOGADA

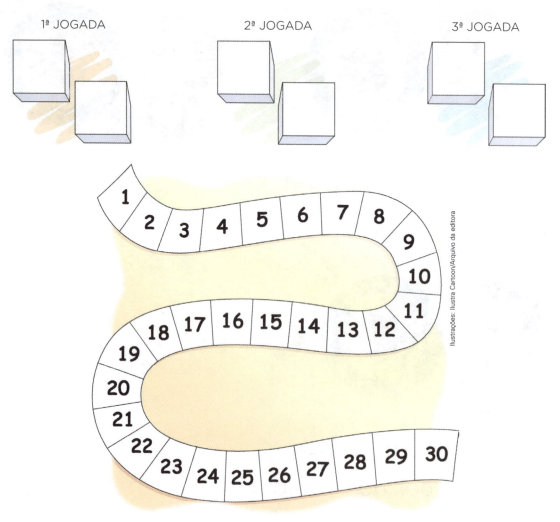

Ilustrações: Ilustra Cartoon/Arquivo da editora

A) QUEM ESTÁ VENCENDO? _____

B) QUANTOS PONTOS FALTAM PARA VOCÊ VENCER A PARTIDA? E PARA O SEU COLEGA? _____

C) NA SUA OPINIÃO, QUEM SERÁ O VENCEDOR? CONTINUEM A PARTIDA PARA SABER QUEM VENCERÁ. _____

CONTANDO ATÉ 30

O PAI DE MICHELE TEM UMA ESTANTE DE LIVROS. PARA AJUDÁ-LO A ORGANIZAR ESSES LIVROS NAS PRATELEIRAS, MICHELE AGRUPOU OS LIVROS DE 10 EM 10.

NA ESTANTE HÁ .... LIVROS.

DEZENAS	UNIDADES
2	0

2 DEZENAS DE LIVROS = 20 LIVROS OU VINTE UNIDADES.

VAMOS ACOMPANHAR AGORA COMO A COLEÇÃO DE LIVROS DO PAI DE MICHELE VAI AUMENTANDO.

2 DEZENAS + 1 UNIDADE = ...
OU VINTE E UM

2 DEZENAS + 2 UNIDADES = ...
OU VINTE E DOIS

2 DEZENAS + 3 UNIDADES = ...
OU VINTE E TRÊS

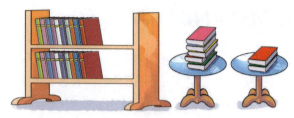

2 DEZENAS + 7 UNIDADES = ...
OU VINTE E SETE

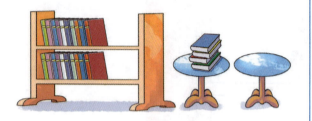

2 DEZENAS + 4 UNIDADES = ...
OU VINTE E QUATRO

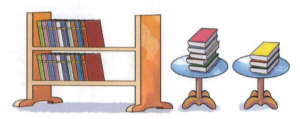

2 DEZENAS + 8 UNIDADES = ...
OU VINTE E OITO

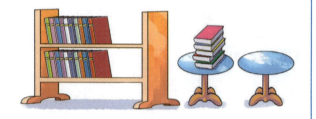

2 DEZENAS + 5 UNIDADES = ...
OU VINTE E CINCO

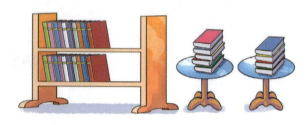

2 DEZENAS + 9 UNIDADES = ...
OU VINTE E NOVE

2 DEZENAS + 6 UNIDADES = ...
OU VINTE E SEIS

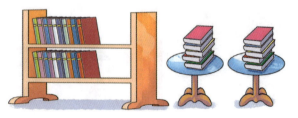

3 DEZENAS = ...
OU TRINTA

Ilustrações: Ilustra Cartoon/Arquivo da editora

ATIVIDADES

1 FAÇA O QUE SE PEDE.

A) PINTE DE **ROXO** O MENOR NÚMERO DA CARTELA.

B) CERQUE COM UMA LINHA O MAIOR NÚMERO DA CARTELA.

C) FAÇA UM **X** NO NÚMERO QUE TEM 2 DEZENAS E 6 UNIDADES.

1	2	3	4	5	6	7	8	9	10
11	12	13	14	15	16	17	18	19	20
21	22	23	24	25	26	27	28	29	30

2 FORME GRUPOS DE 10 E REGISTRE AS QUANTIDADES EM CADA QUADRO.

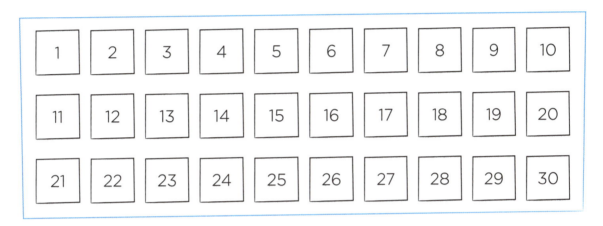

GRUPOS DE 10		D	U

GRUPOS DE 10		D	U

GRUPOS DE 10		D	U

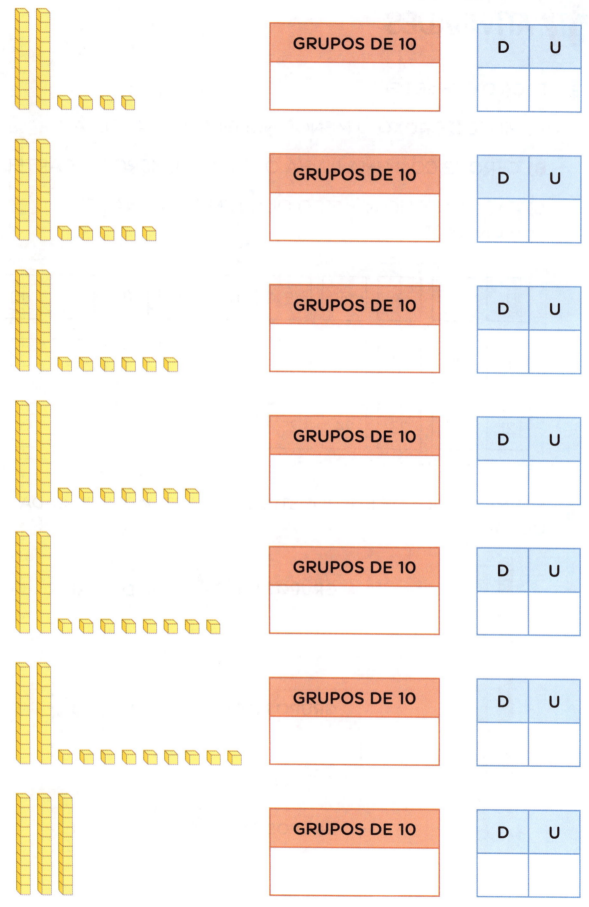

GRUPOS DE 10

D	U

GRUPOS DE 10

D	U

GRUPOS DE 10

D	U

GRUPOS DE 10

D	U

GRUPOS DE 10

D	U

GRUPOS DE 10

D	U

GRUPOS DE 10

D	U

NUMERAÇÃO ORDINAL

AS CRIANÇAS PARTICIPARAM DA CORRIDA NA GINCANA DA ESCOLA.

OBSERVE O RESULTADO DA CORRIDA.

Ilustrações: Ilustra Cartoon/Arquivo da editora

PARA INDICAR ORDEM, POSIÇÃO OU LUGAR, USAMOS OS **NUMERAIS ORDINAIS**.

ATIVIDADES

1 NA GRANDE CORRIDA DA ESCOLA, LENA CHEGOU EM TERCEIRO LUGAR. PINTE DE **VERMELHO** A CAMISETA DE LENA NA PÁGINA ANTERIOR.

2 AGORA, PINTE DE **AZUL** A CAMISETA DO DÉCIMO COLOCADO E DE **VERDE** A DO PRIMEIRO COLOCADO.

3 VOCÊ CONHECE A HISTÓRIA DOS TRÊS PORQUINHOS?

A) OBSERVE AS ILUSTRAÇÕES ABAIXO. INDIQUE EM QUE ORDEM AS CENAS PODEM TER ACONTECIDO.

Ilustrações: Ilustra Cartoon/Arquivo da editora

B) DESENHE NO ESPAÇO ABAIXO O QUE VOCÊ ACHA QUE OS PORQUINHOS CONSTRUÍRAM.

CONTANDO ATÉ 50

EM CADA AQUÁRIO HÁ 10 PEIXINHOS. SÃO QUANTOS GRUPOS DE 10 PEIXINHOS?

QUANTOS PEIXINHOS SÃO?

DEZENAS	UNIDADES
3	0

- E AGORA, SÃO QUANTOS GRUPOS DE 10 PEIXINHOS? COMPLETE.

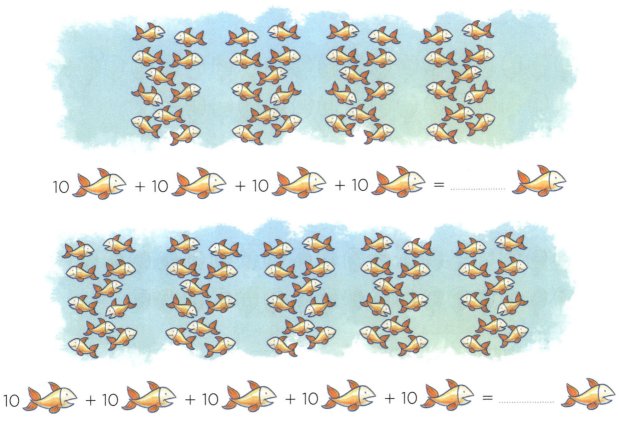

ATIVIDADES

1 AGRUPE OS BALÕES DE 10 EM 10. DEPOIS, REGISTRE A QUANTIDADE TOTAL DE BALÕES NO QUADRO DE ORDENS.

DEZENAS	UNIDADES

☐ TRINTA E NOVE

DEZENAS	UNIDADES

☐ TRINTA E DOIS

DEZENAS	UNIDADES

☐ TRINTA E CINCO

DEZENAS	UNIDADES

☐ TRINTA E SETE

2 FRANCISCO TEM 36 FIGURINHAS. CLÁUDIA TEM 40 FIGURINHAS.

FRANCISCO

CLÁUDIA

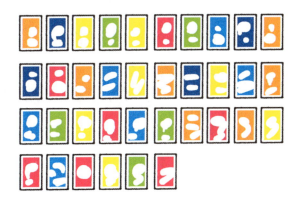

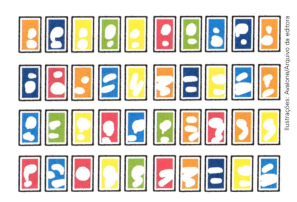

QUEM TEM MAIS FIGURINHAS? MARQUE COM UM **X**.

☐ FRANCISCO   ☐ CLÁUDIA

3 FRANCISCO E CLÁUDIA JUNTARAM UM CUBINHO PARA CADA FIGURINHA. OBSERVE O QUE DESCOBRIRAM. DEPOIS, COMPLETE O QUADRO DE ORDENS.

FRANCISCO

$$36 = 30 + 6 \qquad \textit{trinta e seis}$$

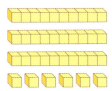

DEZENAS	UNIDADES

CLÁUDIA

$$40 = 40 + 0 \qquad \textit{quarenta}$$

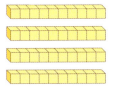

DEZENAS	UNIDADES

Ilustrações: Avalone/Arquivo da editora

4 VAMOS CONTAR AS DEZENAS E AS UNIDADES? COMPLETE COM A QUANTIDADE DE DEZENAS E DE UNIDADES DE CADA IMAGEM.

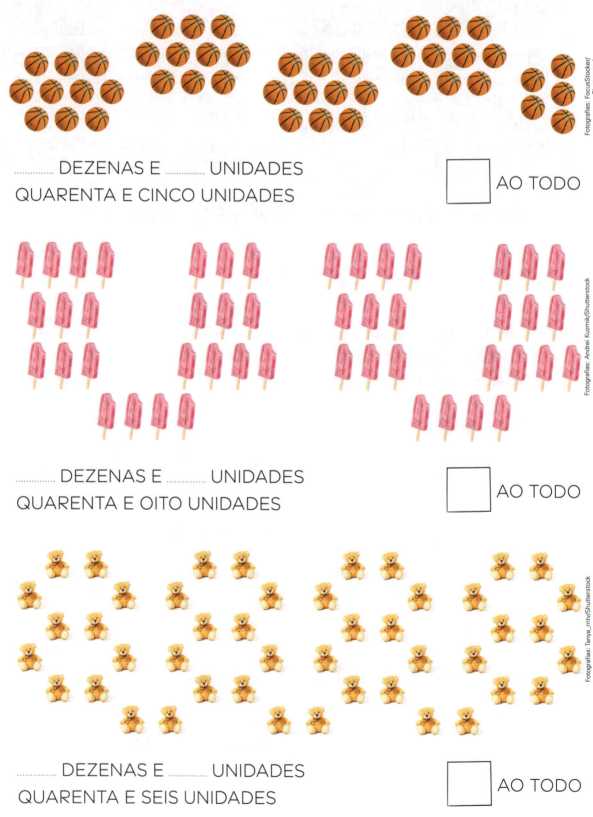

.... DEZENAS E .... UNIDADES

QUARENTA E CINCO UNIDADES

☐ AO TODO

.... DEZENAS E .... UNIDADES

QUARENTA E OITO UNIDADES

☐ AO TODO

.... DEZENAS E .... UNIDADES

QUARENTA E SEIS UNIDADES

☐ AO TODO

AS IMAGENS NÃO ESTÃO REPRESENTADAS EM PROPORÇÃO.

Fotografias: Pukach/Shutterstock

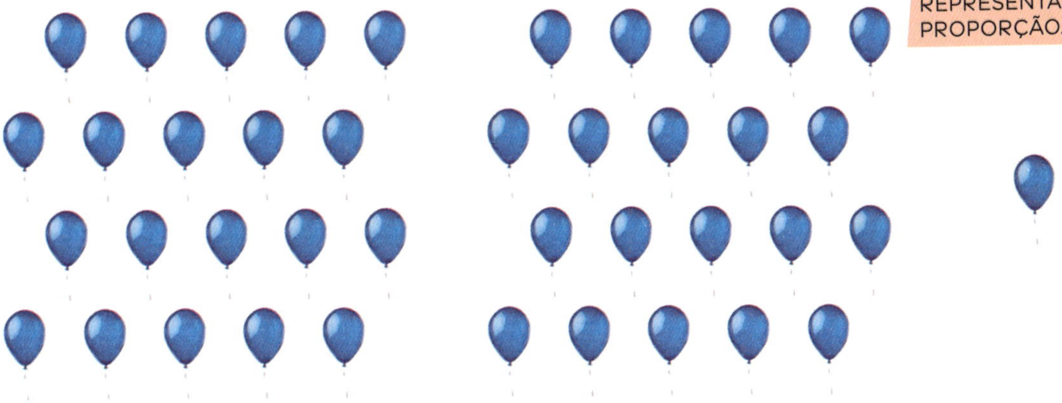

.... DEZENAS E .... UNIDADE

QUARENTA E UMA UNIDADES

☐ AO TODO

Fotografias: Vitaly Zorkin/Shutterstock

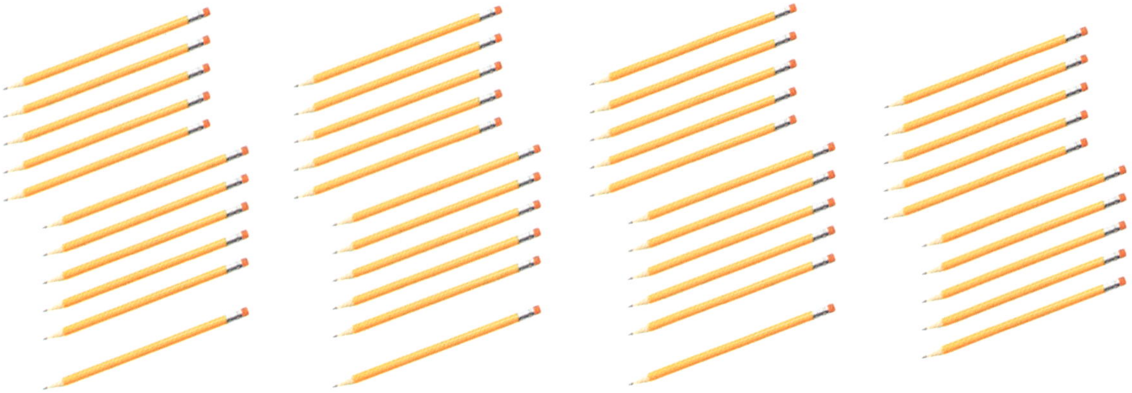

.... DEZENAS E .... UNIDADES

QUARENTA E TRÊS UNIDADES

☐ AO TODO

Fotografias: Tim UR/Shutterstock

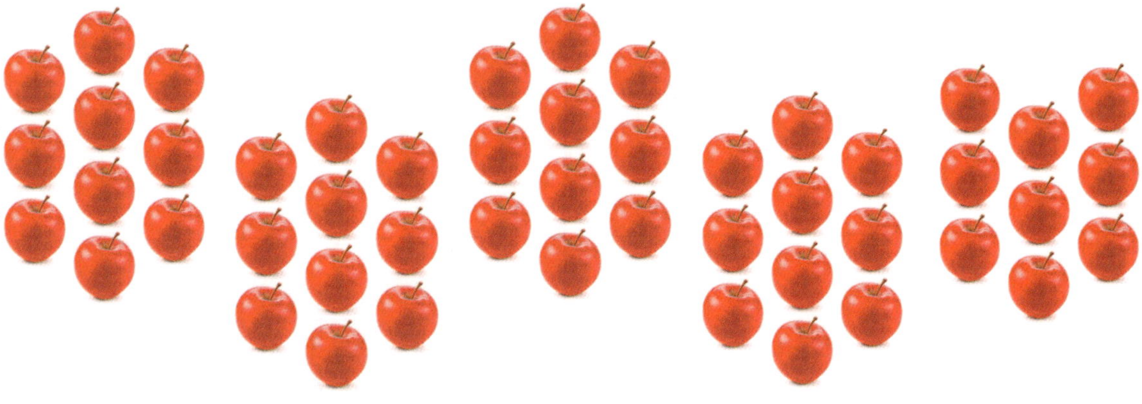

.... DEZENAS E .... UNIDADES

QUARENTA E NOVE UNIDADES

☐ AO TODO

5 COMPLETE COM AS QUANTIDADES REPRESENTADAS.

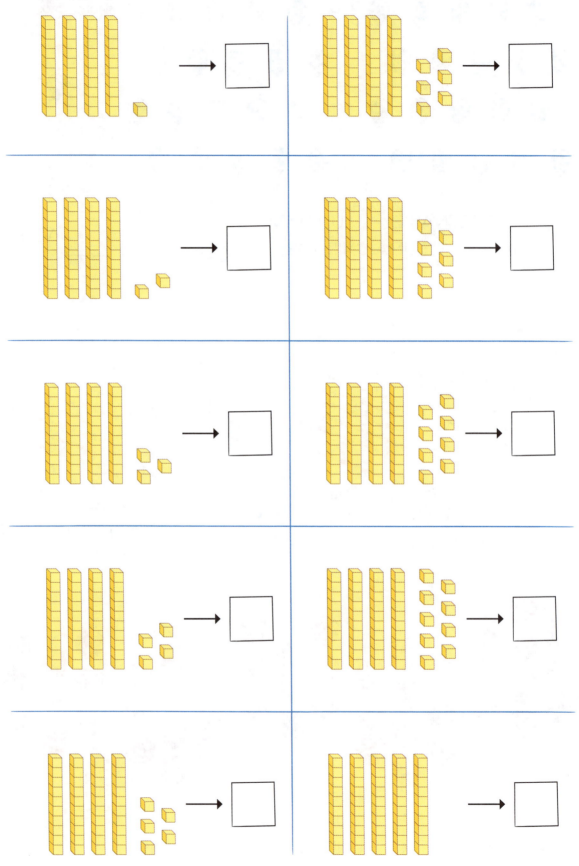

6 CERQUE COM UMA LINHA AS LARANJAS E FORME GRUPOS DE 10.

Fotografias: Valentyn Volkov/Shutterstock

AGORA, RESPONDA ÀS PERGUNTAS E FAÇA O QUE SE PEDE.

A) QUANTOS GRUPOS VOCÊ FORMOU? ☐

B) QUANTAS LARANJAS HÁ NO TOTAL? ☐

C) QUANTAS DEZENAS HÁ EM CADA GRUPO? ☐

D) QUANTAS UNIDADES HÁ EM CADA GRUPO? ☐

E) QUANTAS DEZENAS HÁ NO TOTAL? ☐

F) COMPLETE:

10 + 10 + 10 + 10 + 10 = ...

DEZENAS	UNIDADES

CONTANDO ATÉ 99

OBSERVE COMO CADA CRIANÇA ARRUMOU O MATERIAL DOURADO.

6 GRUPOS DE 10

60 SESSENTA	→	DEZENAS	UNIDADES
		6	0

7 GRUPOS DE 10

70 SETENTA	→	DEZENAS	UNIDADES
		7	0

8 GRUPOS DE 10

80 OITENTA

→

DEZENAS	UNIDADES
8	0

9 GRUPOS DE 10

90 NOVENTA

→

DEZENAS	UNIDADES
9	0

ATIVIDADES

1 QUE NÚMERO O MATERIAL DOURADO ABAIXO REPRESENTA?

2 ASSINALE O NÚMERO REPRESENTADO.

A)

26

6

62

B)

80

8

18

C)

57

12

75

D)

19

91

10

3 VEJA AS CASAS ABAIXO.

A) EM CADA UMA DESSAS CASAS, O NÚMERO DEVE TER UMA UNIDADE A MAIS QUE O DA CASA ANTERIOR. PREENCHA OS NÚMEROS QUE FALTAM.

B) AGORA, ESCREVA TODOS OS NÚMEROS DAS CASAS EM ORDEM DECRESCENTE (DO MAIOR ATÉ CHEGAR AO MENOR).

....

....

4 COMPLETE O QUADRO ABAIXO.

+ →	1	2	3	4	5	6	7	8	9
50			53						
60									69
70	71								
80								88	
90					95				

A CENTENA

O AGRUPAMENTO DE 100 UNIDADES CHAMA-SE **CENTENA**.
OBSERVE.

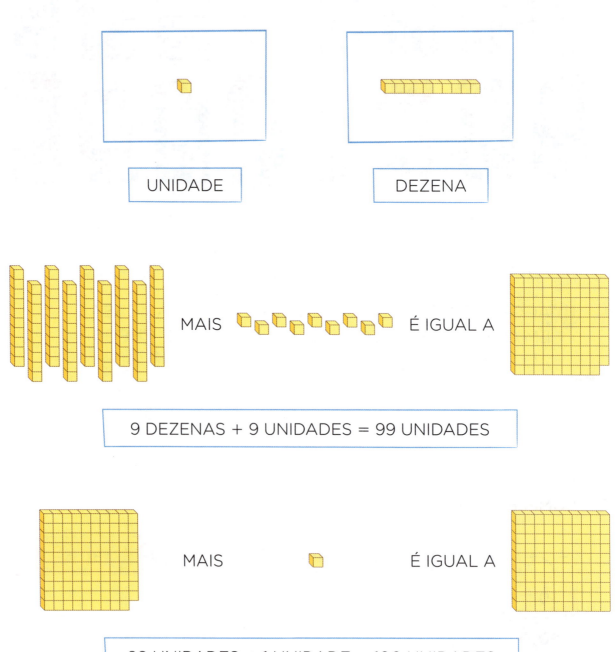

UNIDADE

DEZENA

MAIS

É IGUAL A

9 DEZENAS + 9 UNIDADES = 99 UNIDADES

MAIS

É IGUAL A

99 UNIDADES + 1 UNIDADE = 100 UNIDADES

10 DEZENAS

1 CENTENA

ATIVIDADES

1 CERQUE COM UMA LINHA GRUPOS DE 10.

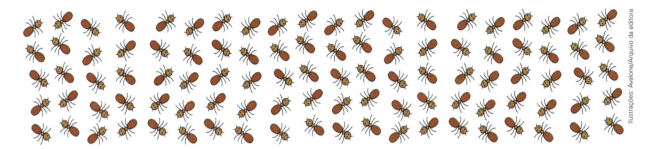

AGORA, RESPONDA:

A) QUANTOS GRUPOS VOCÊ FORMOU? ☐

B) QUANTAS UNIDADES HÁ EM CADA GRUPO? ☐

C) QUANTAS UNIDADES HÁ NO TOTAL? ☐

2 COMPLETE O QUADRO COM OS NÚMEROS QUE FALTAM.

1	2		4			7	8	9	
11	12			15	16	17		19	20
		23	24		26	27	28		
31	32	33	34	35	36	37	38	39	40
	42		44	45	46		48	49	50
51			54	55	56	57		59	
61	62	63			66	67		69	70
71			74	75		77	78		80
81	82	83		85			88	89	90
	92	93	94		96	97		99	

Ilustrações: Avalone/Arquivo da editora

NÚMEROS PARES E NÚMEROS ÍMPARES

DAVI AGRUPOU AS BOLINHAS DE GUDE DELE DE 2 EM 2.

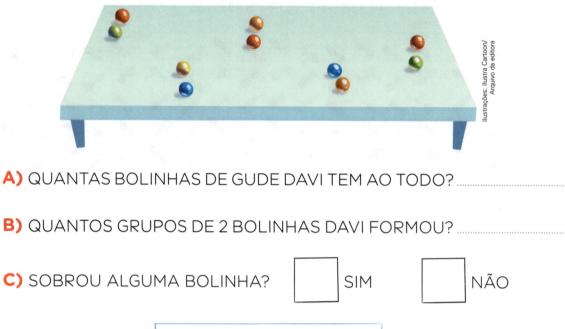

A) QUANTAS BOLINHAS DE GUDE DAVI TEM AO TODO? ....

B) QUANTOS GRUPOS DE 2 BOLINHAS DAVI FORMOU? ....

C) SOBROU ALGUMA BOLINHA? ☐ SIM ☐ NÃO

> 10 É UM NÚMERO PAR.

JULIANA QUER AGRUPAR OS BRINQUEDOS DELA TAMBÉM DE 2 EM 2.

A) QUANTOS BONECOS JULIANA TEM? ....

B) QUANTOS GRUPOS DE 2 BONECOS JULIANA FORMOU? ....

C) SOBROU ALGUM BONECO? ☐ SIM ☐ NÃO

> 9 É UM NÚMERO ÍMPAR.

ATIVIDADES

1 CONTE AS FIGURAS DE 2 EM 2. DEPOIS, PINTE OS QUADRINHOS INDICANDO SE ELAS ESTÃO EM NÚMERO **PAR** OU **ÍMPAR**.

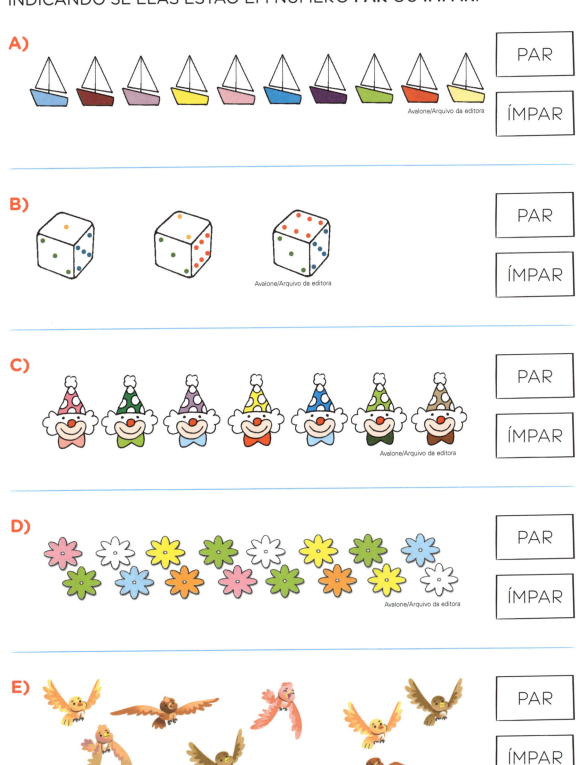

A) PAR / ÍMPAR

Avalone/Arquivo da editora

B) PAR / ÍMPAR

Avalone/Arquivo da editora

C) PAR / ÍMPAR

Avalone/Arquivo da editora

D) PAR / ÍMPAR

Avalone/Arquivo da editora

E) PAR / ÍMPAR

Ilustra Cartoon/Arquivo da editora

2 CERQUE COM UMA LINHA GRUPOS DE 2. ESCREVA A QUANTIDADE DE PARES FORMADOS EM CADA ITEM. DEPOIS REGISTRE A COMPARAÇÃO ENTRE A QUANTIDADE DE PARES USANDO OS SINAIS >, < OU =.

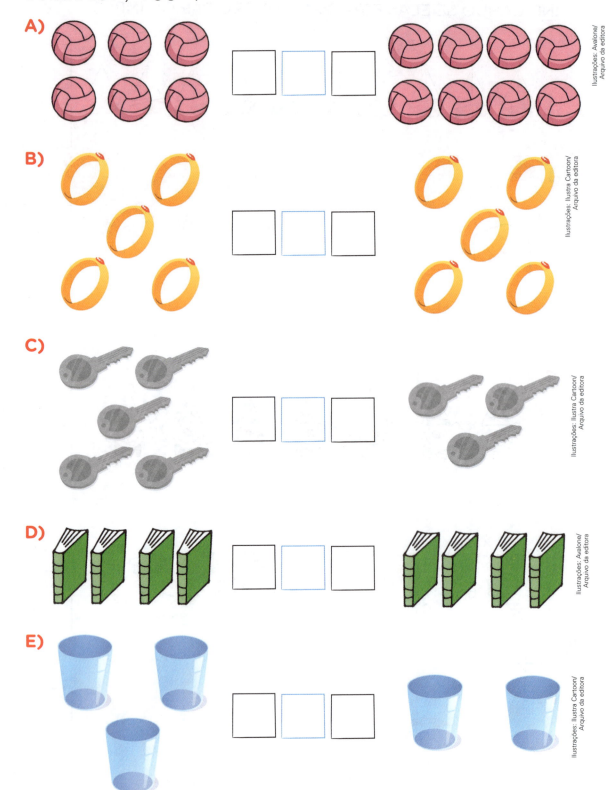

A)

B)

C)

D)

E)

3 JÚLIO E DANIELA JOGAM PAR OU ÍMPAR PARA DECIDIR QUEM COMEÇA A PARTIDA DE UM JOGO.

A) QUANTOS DEDOS JÚLIO APRESENTOU? ☐

B) QUANTOS DEDOS DANIELA APRESENTOU? ☐

C) CONTE OS DEDOS DAS DUAS CRIANÇAS. QUANTOS

DEDOS FORAM APRESENTADOS NO TOTAL? ☐

D) QUEM VAI COMEÇAR A PARTIDA? ....

BINGO DE NÚMEROS DE 0 A 99

MATERIAL NECESSÁRIO

- FICHAS DO **CADERNO DE CRIATIVIDADE E ALEGRIA**

MONTAGEM E REGRAS DO JOGO

DESTAQUE AS FICHAS COM OS NÚMEROS DE 0 A 99 DO **CADERNO DE CRIATIVIDADE E ALEGRIA**. EM SEGUIDA, ESCOLHA 20 FICHAS E COLOQUE-AS SOBRE A CARTELA DA PÁGINA AO LADO.

Ilustrações: Ilustra Cartoon/Arquivo da editora

GUARDE AS OUTRAS FICHAS NO ENVELOPE. O PROFESSOR VAI SORTEAR NÚMEROS.

NOVE!

SE O NÚMERO SORTEADO ESTIVER NA SUA CARTELA, RETIRE A FICHA DA CARTELA.

QUEM ESVAZIAR A CARTELA PRIMEIRO VENCE A PARTIDA DO JOGO.

BINGO

B	I	N	G	O

UNIDADE 3

GEOMETRIA E OPERAÇÕES BÁSICAS

Bruna Assis Brasil/Arquivo da editora

ENTRE NESTA RODA

- O QUE AS CRIANÇAS DA ILUSTRAÇÃO ESTÃO FAZENDO?
- VOCÊ SABE O NOME DE ALGUMA DAS FIGURAS MOSTRADAS PELAS CRIANÇAS?
- VOCÊ TEM ALGUM OBJETO PARECIDO COM OS QUE APARECEM NA CENA?

NESTA UNIDADE VAMOS ESTUDAR...

- FIGURAS GEOMÉTRICAS
- SÓLIDOS GEOMÉTRICOS
- OPERAÇÕES COM NÚMEROS NATURAIS
- O NOSSO DINHEIRO

O TANGRAM

O TANGRAM É UM QUEBRA-CABEÇA. VOCÊ JÁ BRINCOU COM O TANGRAM?

NINGUÉM SABE COMO O TANGRAM SURGIU E HÁ VÁRIAS LENDAS A RESPEITO DA ORIGEM DESSE JOGO. VAMOS LER UMA DELAS.

HÁ MUITO TEMPO, NA CHINA, UM MESTRE VIVIA COM SEU APRENDIZ, ENSINANDO-LHE MUITAS COISAS SOBRE A VIDA. UM DIA, O MESTRE DISSE AO RAPAZ QUE JÁ ESTAVA PREPARADO PARA SAIR PELO MUNDO E FAZER SUAS PRÓPRIAS DESCOBERTAS. PARA REGISTRAR TUDO O QUE APRENDESSE AO LONGO DE SUA VIAGEM, DEVERIA LEVAR CONSIGO UM MAÇO DE FOLHAS DE ARROZ, UM PEDAÇO DE CARVÃO E UMA CERÂMICA QUADRADA. SEM SABER MUITO BEM O QUE FAZER COM AQUELES OBJETOS, O APRENDIZ PARTIU PARA UMA NOVA CAMINHADA. UM DIA, DEIXOU A CERÂMICA CAIR E ELA SE PARTIU EM SETE PEDAÇOS. TENTANDO RETOMÁ-LA, PERCEBEU QUE COM APENAS AQUELES CACOS PODIA FORMAR MUITAS FIGURAS DIFERENTES, E FOI ASSIM QUE CONSEGUIU CUMPRIR SUA MISSÃO DE REGISTRAR SUAS DESCOBERTAS.

QUANDO BRINCAR É APRENDER, DE MARIA LUIZA KRAEMER. SÃO PAULO: LOYOLA, 2007. P. 168.

Ilustra Cartoon/Arquivo da editora

ATIVIDADES

1 OBSERVE O TANGRAM DA PÁGINA AO LADO E RESPONDA ORALMENTE.

A) QUE FIGURA GEOMÉTRICA PLANA A PEÇA ROXA REPRESENTA?

B) VOCÊ SABE COMO É CHAMADA A FIGURA GEOMÉTRICA QUE LEMBRA A PEÇA VERDE-ESCURA?

C) QUANTAS SÃO AS PEÇAS TRIANGULARES? QUE CORES ELAS TÊM?

2 AS PEÇAS DO TANGRAM SÃO FIGURAS GEOMÉTRICAS. COM ELAS PODEMOS FORMAR MUITOS DESENHOS. O QUE LEMBRAM OS DESENHOS ABAIXO?

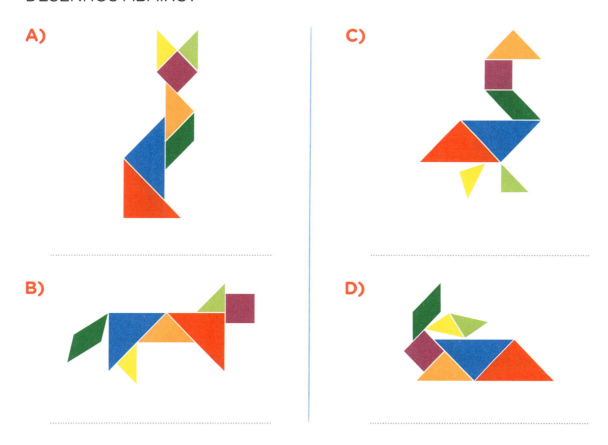

A)

C)

B)

D)

3 DESTAQUE AS PEÇAS DO **CADERNO DE CRIATIVIDADE E ALEGRIA** E TENTE MONTAR OS ANIMAIS DA ATIVIDADE ANTERIOR.

4 VOCÊ JÁ REPAROU QUE AS PLACAS DE TRÂNSITO LEMBRAM FIGURAS GEOMÉTRICAS? LIGUE COM UM TRAÇO CADA FIGURA À PLACA DE TRÂNSITO COM QUE SE PARECE.

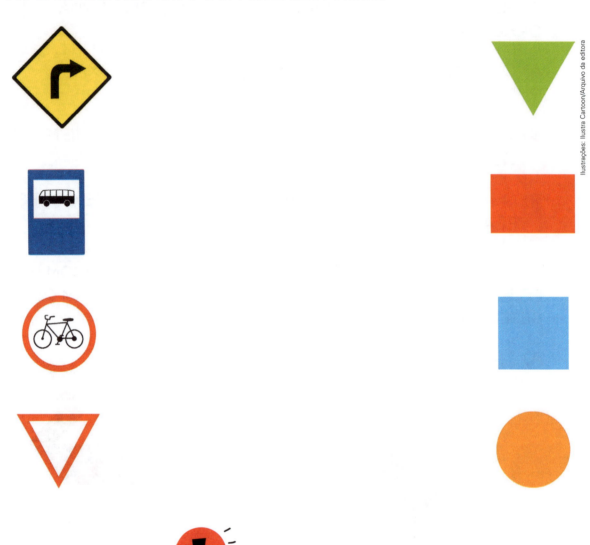

Ilustrações: Ilustra Cartoon/Arquivo da editora

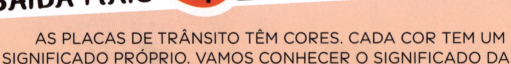

SAIBA MAIS +

AS PLACAS DE TRÂNSITO TÊM CORES. CADA COR TEM UM SIGNIFICADO PRÓPRIO. VAMOS CONHECER O SIGNIFICADO DA COR DE CADA PLACA?

- **PLACAS AMARELAS**: ALERTAM SOBRE CARACTERÍSTICAS DAS VIAS.

- **PLACAS VERMELHAS**: INDICAM OBRIGAÇÕES, COMO "PROIBIDO ESTACIONAR" E "PROIBIDO VIRAR À DIREITA".

- **PLACAS AZUIS OU VERDES**: INFORMAM O CONDUTOR SOBRE SERVIÇOS E ORIENTAÇÕES GEOGRÁFICAS.

5 VOCÊ JÁ REPAROU QUE ALGUMAS PARTES DE CASAS E PRÉDIOS LEMBRAM DIFERENTES FIGURAS PLANAS? VAMOS CONHECER O NOME DESSAS FIGURAS.

| QUADRADO | RETÂNGULO | CÍRCULO | TRIÂNGULO |

AGORA, RESPONDA ORALMENTE: QUAIS FIGURAS GEOMÉTRICAS VOCÊ CONSEGUE ENCONTRAR NA OBRA DE ARTE ABAIXO?

Ann Purcell/Alamy/Fotoarena

● **CASA I** (DO INGLÊS *HOUSE I*), DE ROY LICHTENSTEIN, 1998. FABRICADA E PINTADA EM ALUMÍNIO. 292,1 cm × 447 cm × 132,1 cm. GALERIA NACIONAL DE ARTE DE WASHINGTON, ESTADOS UNIDOS.

6 AS ILUSTRAÇÕES AO LADO FORAM FEITAS COM FIGURAS GEOMÉTRICAS. OBSERVE-AS.

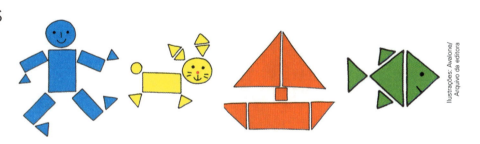

Ilustrações: Avalone/ Arquivo da editora

AGORA, COMPLETE O QUADRO COM A QUANTIDADE DE FIGURAS GEOMÉTRICAS UTILIZADAS EM CADA ILUSTRAÇÃO.

	CÍRCULO	TRIÂNGULO	RETÂNGULO	QUADRADO
HOMEM				
COELHO				
BARCO				
PEIXE				

MATEMÁTICA E DIVERSÃO

BRINCANDO COM O CORPO

OBSERVE COMO AS CRIANÇAS CONSTROEM FIGURAS GEOMÉTRICAS COM O CORPO.

JUNTE-SE A 2 COLEGAS E OBSERVEM QUAIS FIGURAS VOCÊS CONSEGUEM FORMAR.

LOCALIZANDO PESSOAS E OBJETOS

OBSERVE O QUE ACONTECE NESTA SALA DE AULA.

RODRIGO DESCREVEU A POSIÇÃO DE ALGUNS OBJETOS E A POSIÇÃO DA PROFESSORA EM RELAÇÃO AO LUGAR E À POSIÇÃO EM QUE ELE ESTÁ.

- QUAIS OUTROS OBJETOS ESTÃO À ESQUERDA, À FRENTE E À DIREITA DO ALUNO?

- DESCREVA ALGUM OBJETO OU PESSOA QUE ESTEJA ATRÁS DO ALUNO DA CENA.

- QUAL OBJETO ESTÁ ENTRE O ALUNO E A PORTA DA SALA DE AULA?

ATIVIDADES

1 OBSERVE A CENA ABAIXO.

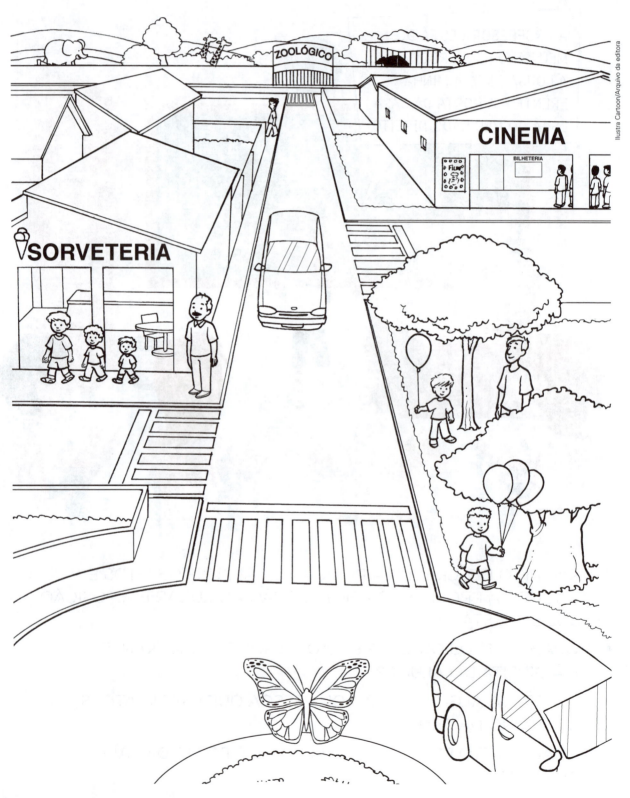

ZOOLÓGICO

CINEMA

BILHETERIA

SORVETERIA

2 FAÇA AS ATIVIDADES DE ACORDO COM O QUE VOCÊ OBSERVOU.

A) PARA IR AO ZOOLÓGICO, A BORBOLETA DEVE:

☐ VIRAR À ESQUERDA.   ☐ IR EM FRENTE.

B) SE A BORBOLETA VIRAR A PRÓXIMA RUA À DIREITA, ELA VAI PASSAR NA FRENTE:

☐ DO CINEMA.   ☐ DO ZOOLÓGICO.

C) CERQUE COM UMA LINHA A CRIANÇA QUE ESTÁ PERTO DA ÁRVORE DE TRONCO FINO.

D) PINTE A ÁRVORE QUE TEM O TRONCO MAIS GROSSO.

E) NA FRENTE DA SORVETERIA HÁ 3 CRIANÇAS. PINTE A MAIS ALTA E CERQUE COM UMA LINHA A MAIS BAIXA.

3 OBSERVE A FOTO QUE LUCAS E RITA TIRARAM.

Ilustra Cartoon/Arquivo da editora

AGORA, RESPONDA: QUEM ESTÁ ATRÁS E À ESQUERDA DA PLACA?

☐ LUCAS   ☐ RITA

4 OBSERVE BRUNA E OS COLEGAS DELA NA QUADRA DE ESPORTES DA ESCOLA.

RENATO ALICE JÚLIA BRUNA ARTUR

AGORA, IMAGINE QUE VOCÊ ESTÁ NO MESMO LUGAR E POSIÇÃO EM QUE BRUNA ESTÁ.

A) CERQUE COM UMA LINHA **AZUL** QUEM ESTÁ À SUA FRENTE.

B) CERQUE COM UMA LINHA **VERMELHA** QUEM ESTÁ ATRÁS DE VOCÊ.

C) ASSINALE A CRIANÇA QUE ESTÁ ENTRE ALICE E VOCÊ.

5 A TIA DE JOANA ESTÁ AGUARDANDO NA FILA DO BANCO. LEIA AS DICAS ABAIXO PARA DESCOBRIR QUEM É A TIA DE JOANA.

- A TIA DE JOANA ESTÁ ENTRE A MULHER DE VESTIDO VERMELHO E O RAPAZ DE CALÇA AZUL.

- ELA ESTÁ ENTRE O HOMEM DE BARBA E BIGODE E A MOÇA DE VESTIDO VERMELHO.

AGORA, CERQUE COM UMA LINHA A TIA DE JOANA.

SÓLIDOS GEOMÉTRICOS

O CASTELO COLORIDO

PEDRO E OS COLEGAS DELE ESTÃO CONSTRUINDO UM CASTELO COM BLOCOS COLORIDOS. COMO SERÁ QUE O CASTELO VAI FICAR DEPOIS DE PRONTO?

• PINTE A ILUSTRAÇÃO ABAIXO, ESCOLHENDO UMA COR PARA CADA TIPO DE FORMA.

Ilustra Cartoon/Arquivo da editora

ATIVIDADES

1 PINTE DA MESMA COR OS OBJETOS QUE LEMBRAM O MESMO SÓLIDO GEOMÉTRICO.

2 EMBAIXO DE CADA OBJETO, ESCREVA O NÚMERO QUE INDICA A FIGURA GEOMÉTRICA QUE ELE LEMBRA. OBSERVE A LEGENDA.

AS IMAGENS NÃO ESTÃO REPRESENTADAS EM PROPORÇÃO.

| CUBO 1 | CONE 2 | ESFERA 3 | BLOCO RETANGULAR 4 | CILINDRO 5 |

3 LIGUE CADA TAMPA À SUA CAIXA.

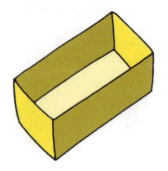  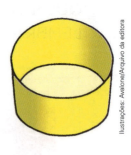

 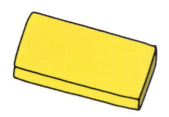 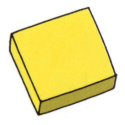

4 OBSERVE OS OBJETOS A SEGUIR. CERQUE COM UMA LINHA O SÓLIDO QUE É DIFERENTE DOS OUTROS.

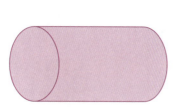   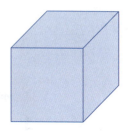

AGORA, COMPLETE A FRASE: O OBJETO QUE EU CERQUEI COM

UMA LINHA É DIFERENTE DOS OUTROS PORQUE ....

....

....

Ilustrações: Avalone/Arquivo da editora

10 OPERAÇÕES COM NÚMEROS NATURAIS

ADIÇÃO ATÉ 9

CAROL E ROBERTO BRINCAM DE ADICIONAR COM AS MÃOS. PARA REPRESENTAR O QUE ELES ESTÃO FAZENDO, JANETE ESCREVE UMA ADIÇÃO. OBSERVE.

Ilustrações: Ilustra Cartoon/Arquivo da editora

TRÊS MAIS DOIS É IGUAL A CINCO.

3 + 2 = 5

- CONTINUE A ESCREVER AS ADIÇÕES COMO JANETE ESTAVA FAZENDO. COMPLETE:

$$\boxed{} + \boxed{} = \boxed{}$$

$$\boxed{} + \boxed{} = \boxed{}$$

$$\boxed{} + \boxed{} = \boxed{}$$

ATIVIDADES

1 QUANTAS FLORES HÁ AO TODO EM CADA QUADRO?

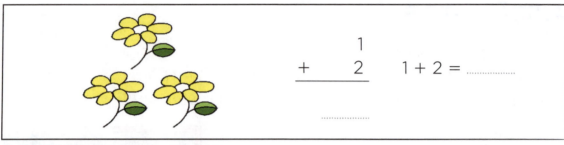

$$\begin{array}{r} 1 \\ + \quad 2 \\ \hline \\ \rule{2cm}{0.4pt} \end{array}$$

1 + 2 = ...

$$\begin{array}{r} 3 \\ + \quad 2 \\ \hline \\ \rule{2cm}{0.4pt} \end{array}$$

3 + 2 = ...

$$\begin{array}{r} 5 \\ + \quad \rule{1.5cm}{0.4pt} \\ \hline \\ \rule{2cm}{0.4pt} \end{array}$$

5 + ... = ...

2 ROBERTO E CAROL BRINCAM COM 2 DADOS.
OBSERVE O QUE ACONTECEU E COMPLETE AS FRASES.

A) CAROL JOGOU OS DADOS.

AO TODO, ELA FEZ .... PONTOS.

B) DEPOIS, FOI A VEZ DE ROBERTO.

AO TODO, ELE FEZ .... PONTOS.

AGORA, RESPONDA: QUEM FEZ MAIS PONTOS?

....

3 OBSERVE OS DADOS E COMPLETE AS ADIÇÕES.

1 + ... = ... + 2 = ... + ... = ...

4 ESCREVA AS ADIÇÕES REPRESENTADAS EM CADA LINHA DA MALHA QUADRICULADA.

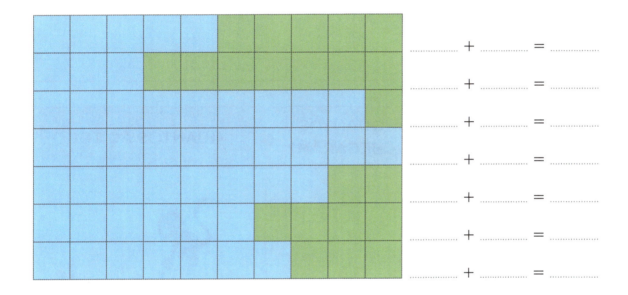

.... + ... = ...

.... + ... = ...

.... + ... = ...

.... + ... = ...

.... + ... = ...

.... + ... = ...

.... + ... = ...

5 PINTE A MALHA QUADRICULADA DE ACORDO COM AS ADIÇÕES ABAIXO.

1 + 9 = 10									
5 + 5 = 10									
2 + 8 = 10									
4 + 6 = 10									
7 + 3 = 10									

6 OBSERVE OS ANIMAIS NO QUADRO E INVENTE AS HISTÓRIAS. DEPOIS, ESCREVA OS NÚMEROS.

AS IMAGENS NÃO ESTÃO REPRESENTADAS EM PROPORÇÃO.

QUANTOS?	QUANTOS CHEGARAM?	QUANTOS AO TODO?
....	....	....

QUANTOS?	QUANTOS CHEGARAM?	QUANTOS AO TODO?
....	....	....

Ilustrações: Ilustra Cartoon/Arquivo da editora

ADIÇÃO COM TOTAL ATÉ 19

JÚLIO, ALICE E PEDRO ESTAVAM JOGANDO BOLICHE NO QUINTAL. AS PEÇAS DO JOGO ERAM FEITAS DE GARRAFINHAS DE PLÁSTICO PINTADAS COM CORES DIFERENTES.

Ilustrações: Ilustra Cartoon/Arquivo da editora

NA PRIMEIRA RODADA, OBSERVE QUANTAS GARRAFINHAS ALICE DERRUBOU.

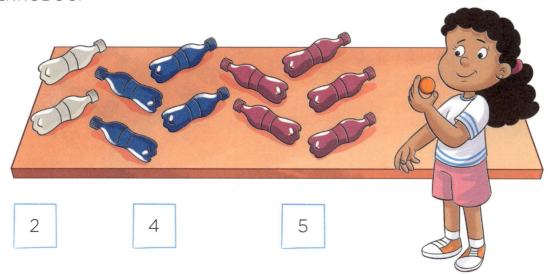

| 2 | 4 | 5 |

PARA SABER O TOTAL DE PONTOS DE ALICE, É PRECISO RESOLVER ESTA ADIÇÃO:

$$
\begin{array}{r}
2 \\
4 \\
+\ 5 \\
\hline
11
\end{array}
$$
$2 + 4 + 5 = 11$

ATIVIDADE

- DESCUBRA OS PONTOS MARCADOS POR ALICE, JÚLIO E PEDRO NAS NOVAS RODADAS.

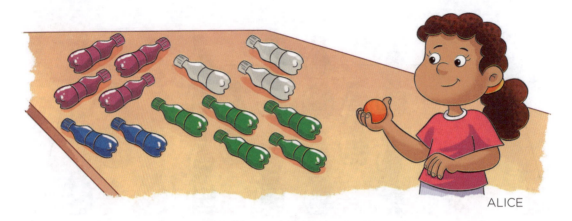

ALICE

.... + ... + ... + ... = ...

JÚLIO

.... + ... + ... = ...

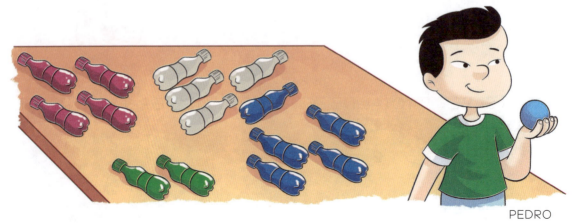

PEDRO

.... + ... + ... + ... = ...

AINDA TRABALHANDO COM A ADIÇÃO

É DIA DO CAMPEONATO DE BOLINHAS DE GUDE E BRENO NÃO TEM AS BOLINHAS PARA PARTICIPAR. ACOMPANHE COMO O PROBLEMA FOI RESOLVIDO.

PUXA, NÃO TENHO BOLINHAS PARA PARTICIPAR!

BRENO, O MAURO PEDIU PARA DAR ESTAS 8 BOLINHAS PARA VOCÊ.

Ilustrações: Ilustra Cartoon/Arquivo da editora

ESPERE, A LIA TAMBÉM MANDOU BOLINHAS PARA O BRENO. SÃO MAIS 11 BOLINHAS.

OBSERVE AS BOLINHAS DE GUDE QUE BRENO GANHOU DE CADA COLEGA.

DE MAURO

DE LIA

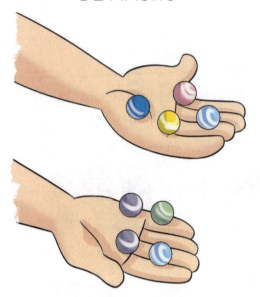
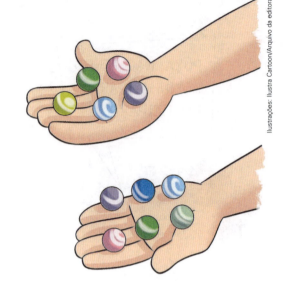

A) QUANTAS BOLINHAS BRENO GANHOU DE MAURO? ....

B) QUANTAS BOLINHAS BRENO GANHOU DE LIA? ....

C) QUANTAS BOLINHAS BRENO GANHOU AO TODO? ....

AGORA, USANDO UMA ADIÇÃO, VAMOS REPRESENTAR A QUANTIDADE DE BOLINHAS QUE BRENO GANHOU.

$$11 + 8 = 19$$

OU

	D	U
	1	1
+		8
	1	9

ATIVIDADES

1 AGRUPE DE 10 EM 10, RESOLVA AS ADIÇÕES E COMPLETE O QUADRO.

D	U
1	5

10 + 5 = ...

D	U

.... + ... = ...

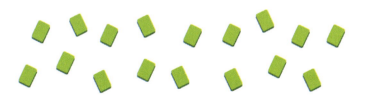

D	U

.... + ... = ...

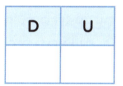

D	U

.... + ... = ...

Ilustrações: Avalone/Arquivo da editora

2 O NÚMERO QUE APARECE NOS BALÕES INDICA O TOTAL DE CADA UMA DAS ADIÇÕES ABAIXO. LIGUE CADA ADIÇÃO AO BALÃO CORRETO.

$3 + 3 =$

$12 + 5 =$

$11 + 2 + 1 =$

$4 + 6 =$

$10 + 8 + 1 =$

$2 + 7 =$

3 REPRESENTE O TOTAL DE FRUTAS QUE HÁ EM CADA QUADRO ESCREVENDO UMA ADIÇÃO.

AS IMAGENS NÃO ESTÃO REPRESENTADAS EM PROPORÇÃO.

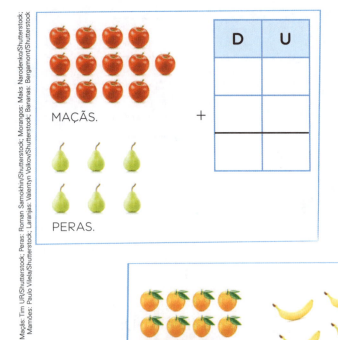

MAÇÃS.

PERAS.

D	U
+	

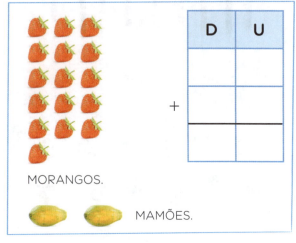

MORANGOS.

MAMÕES.

D	U
+	

LARANJAS.

BANANAS.

D	U
+	

4 A ESCOLA EM QUE SÍLVIO ESTUDA PROMOVEU UMA VISITA À BIBLIOTECA MUNICIPAL. FORAM UTILIZADOS 2 VEÍCULOS PARA LEVAR OS ALUNOS.

A) OBSERVE E COMPLETE AS FRASES.

- NO PRIMEIRO ÔNIBUS VÃO ENTRAR .... ALUNOS.

- NO SEGUNDO ÔNIBUS VÃO ENTRAR .... ALUNOS.

B) QUANTOS ALUNOS AO TODO FORAM AO PASSEIO? ....

C) COMO VOCÊ FEZ PARA RESPONDER A PERGUNTA ACIMA? EXPLIQUE AOS COLEGAS.

OBSERVE, AGORA, ALGUMAS MANEIRAS DE FAZER ESSE CÁLCULO COM 🟨 E 🟨🟨🟨🟨🟨🟨🟨🟨🟨🟨.

> CADA 🟨 REPRESENTA 1 UNIDADE E CADA 🟨🟨🟨🟨🟨🟨🟨🟨🟨🟨 REPRESENTA 1 DEZENA.

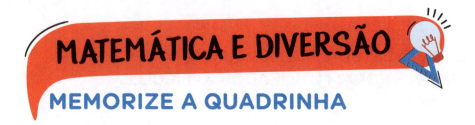

MATEMÁTICA E DIVERSÃO

MEMORIZE A QUADRINHA

EU TENHO CINCO DEDINHOS

NUMA MÃO E NA OUTRA MÃO.

SE A GENTE CONTAR DIREITO,

CINCO MAIS CINCO DEZ SÃO.

O LIVRO DE NÚMEROS DO MARCELO, DE RUTH ROCHA.
SÃO PAULO: SALAMANDRA, 2013. P. 18.

- AGORA, DESCUBRA QUANTOS DEDOS FALTAM PARA COMPLETAR 10 DEDOS LEVANTADOS EM CADA CASO.

    FALTAM .... DEDOS.

    FALTAM .... DEDOS.

    FALTAM .... DEDOS.

Ilustrações: Ilustra Cartoon/Arquivo da editora

REPRESENTAÇÃO DA ADIÇÃO

REPRESENTAMOS CADA NÚMERO ASSIM:

16 + 12

MAIS

EM SEGUIDA, JUNTAMOS TODAS AS BARRAS E TODOS OS CUBINHOS. OBSERVE:

16 + 12 = 28

MAIS  É IGUAL A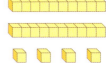

OBSERVE, AGORA, COMO FICA COM O QUADRO DE ORDENS.

	D	U
	1	6
+	1	2
		8

ADICIONAMOS AS UNIDADES
6 U + 2 U = 8 U

	D	U
	1	6
+	1	2
	2	8

ADICIONAMOS AS DEZENAS
1 D + 1 D = 2 D

2 DEZENAS + 8 UNIDADES = ...

ATIVIDADES

1 DESCUBRA O SEGREDO E COMPLETE. O PRIMEIRO JÁ ESTÁ PRONTO.

35 + 11 = 46

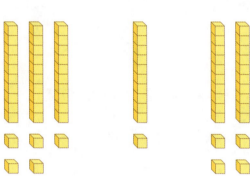

	D	U
	3	5
+	1	1
	4	6

25 + 14 = ...

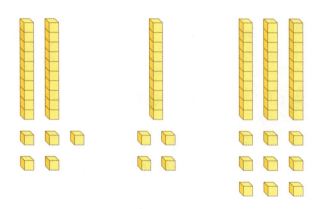

D	U

18 + 10 = ...

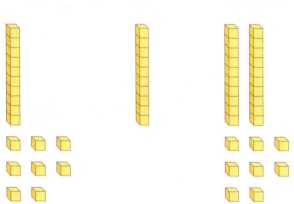

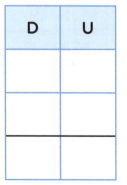

D	U

2 OBSERVE COMO CÉLIA ENCONTROU MENTALMENTE O RESULTADO DE: 20 + 10 .

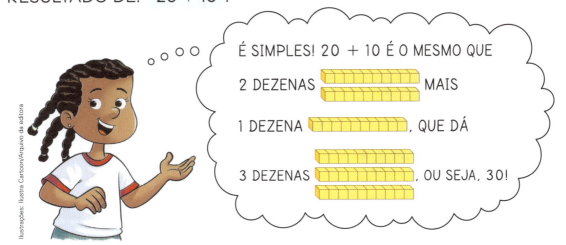

É SIMPLES! 20 + 10 É O MESMO QUE

2 DEZENAS MAIS

1 DEZENA , QUE DÁ

3 DEZENAS , OU SEJA, 30!

Ilustrações: Ilustra Cartoon/Arquivo da editora

AGORA É SUA VEZ! ENCONTRE MENTALMENTE OS RESULTADOS DOS CÁLCULOS A SEGUIR.

30 + 10 = ...   50 + 10 = ...

10 + 10 = ...   90 + 10 = ...

40 + 10 = ...   70 + 10 = ...

60 + 10 = ...   80 + 10 = ...

3 CADA COR DE ARGOLA TEM UM VALOR CORRESPONDENTE.

23   34   19

DESENHE EM CADA PINO UMA ARGOLA. DEPOIS, PINTE COM A COR QUE REPRESENTA O RESULTADO DE CADA ADIÇÃO.

30 + 4   15 + 4   17 + 6

SUBTRAÇÃO COM NÚMEROS ATÉ 9

OBSERVE AS ILUSTRAÇÕES E COMPLETE.

ERAM .... PÁSSAROS.

VOARAM .... PÁSSAROS.

FICARAM .... PÁSSAROS.

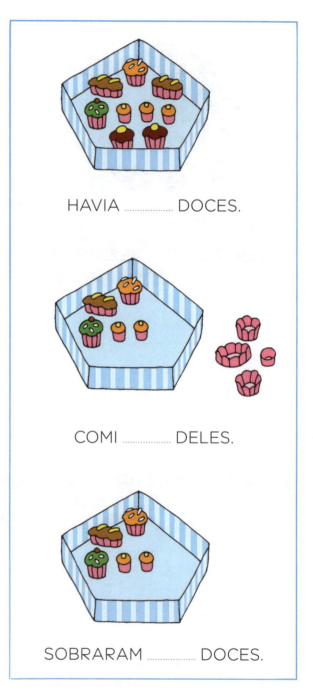

HAVIA .... DOCES.

COMI .... DELES.

SOBRARAM .... DOCES.

PARA TIRAR UMA QUANTIDADE DE OUTRA, FAZEMOS UMA SUBTRAÇÃO.

REPRESENTAMOS A SUBTRAÇÃO ASSIM:

$$6 - 2 = 4 \qquad 9 - 4 = 5$$

ATIVIDADES

1 PATRÍCIA VAI ARRUMAR AS FLORES NOS VASOS.

Ilustrações: Ilustra Cartoon/Arquivo da editora

- QUANTAS FLORES HÁ NO VASO **CINZA**? ....

- PATRÍCIA VAI TIRAR 2 FLORES DO VASO **CINZA** PARA COLOCAR NO VASO **VERMELHO**. DESENHE AS PLANTAS NO VASO **VERMELHO**.

- AGORA, PATRÍCIA VAI TIRAR 3 FLORES DO VASO **CINZA** PARA COLOCAR NO **AZUL**. DESENHE AS PLANTAS NO VASO **AZUL**.

- DESENHE QUANTAS FLORES SOBRARAM NO VASO **CINZA**.

2 DESCUBRA QUANTAS FIGURINHAS FALTAM PARA COMPLETAR UMA PÁGINA DO ÁLBUM DE CADA CRIANÇA.

JOÉLSON

BRUNA

ILDA

ALEXANDRE

Ilustrações: Avalone/Arquivo da editora

NOME	FALTAM
ILDA	
ALEXANDRE	
BRUNA	
JOÉLSON	

- QUEM VOCÊ ACHA QUE ESTÁ MAIS PERTO DE PREENCHER A PÁGINA PRIMEIRO? POR QUÊ?

....

....

....

3 OBSERVE, CONTE E COMPLETE OS ESPAÇOS.

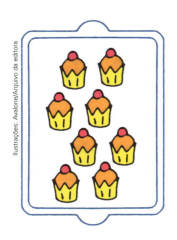

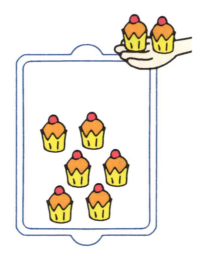

QUANTIDADE

DE DOCES ....

TIRANDO ....

8 MENOS 2 É IGUAL A 6.

RESTAM ....

8 – 2 = ...

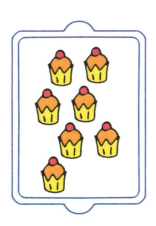

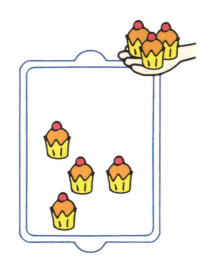

QUANTIDADE

DE DOCES ....

TIRANDO ....

RESTAM ....

.... MENOS .... É IGUAL A ....

.... – .... = ...

Ilustrações: Avalone/Arquivo da editora

4 OBSERVE AS FIGURAS, CONTE E COMPLETE AS SUBTRAÇÕES. AS FIGURAS RISCADAS INDICAM A QUANTIDADE RETIRADA.

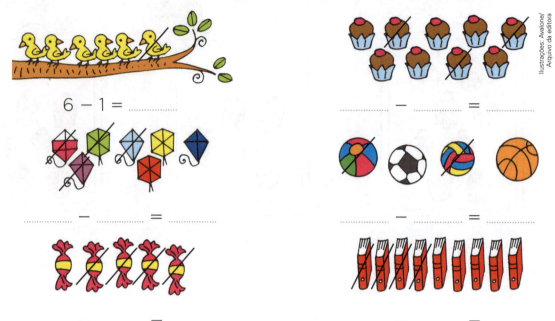

6 − 1 = ...

.... − .... = ...

.... − .... = ...

.... − .... = ...

.... − .... = ...

.... − .... = ...

5 OBSERVE AS FIGURAS E COMPLETE AS SUBTRAÇÕES. AS FIGURAS RISCADAS INDICAM A QUANTIDADE RETIRADA.

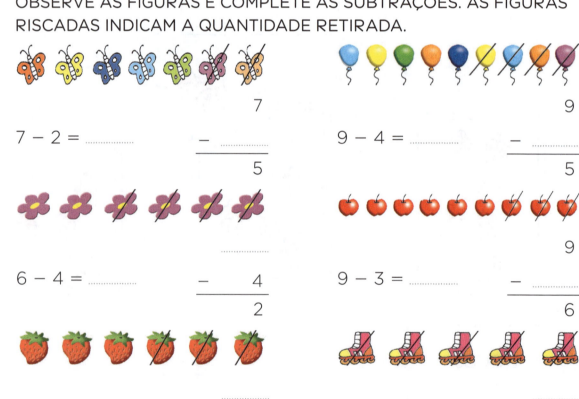

7 − 2 = ...

$$\begin{array}{r} 7 \\ -\ .... \\ \hline 5 \end{array}$$

6 − 4 = ...

$$\begin{array}{r} .... \\ -\quad 4 \\ \hline 2 \end{array}$$

6 − .... = ...

.... − ....

9 − 4 = ...

$$\begin{array}{r} 9 \\ -\ .... \\ \hline 5 \end{array}$$

9 − 3 = ...

$$\begin{array}{r} 9 \\ -\ .... \\ \hline 6 \end{array}$$

5 − 5 = ...

.... − ....

Ilustrações: Avalone/ Arquivo da editora

6 OBSERVE AS CENAS.

A) COMPLETE AS FRASES.

- NA PRIMEIRA CENA HÁ .... CARRINHOS SOBRE A MESA.

- NA SEGUNDA CENA FORAM RETIRADOS .... CARRINHOS DE CIMA DA MESA.

B) QUANTOS CARRINHOS FICARAM SOBRE A MESA?

.... — .... = ...

7 REPRESENTE CADA SITUAÇÃO COM UMA SUBTRAÇÃO.

A) DESTE BOLO, VOU COMER 3 PEDAÇOS.

QUANTOS PEDAÇOS SOBRARÃO?

.... — .... = ...

B) DESTA BANDEJA, VOU PEGAR 2 EMPADAS.

QUANTAS EMPADAS SOBRARÃO?

.... — .... = ...

8 ELABORE EM SEU CADERNO UM PROBLEMA MATEMÁTICO QUE UTILIZE AS IDEIAS DE **TIRAR** OU **SEPARAR** ALGUMA QUANTIDADE DE OBJETOS. REGISTRE DA MANEIRA QUE PREFERIR.

SUBTRAÇÃO COM NÚMEROS ATÉ 19

 CANTE COM OS COLEGAS.

ONDE ESTÁ A MARGARIDA?

OLÊ, OLÊ, OLÁ!

ONDE ESTÁ A MARGARIDA?

OLÊ, SEUS CAVALHEIROS!

ELA ESTÁ EM SEU CASTELO,

OLÊ, OLÊ, OLÁ!

ELA ESTÁ EM SEU CASTELO,

OLÊ, SEUS CAVALHEIROS!

MAS EU QUERIA VÊ-LA,

OLÊ, OLÊ, OLÁ!

MAS EU QUERIA VÊ-LA,

OLÊ, SEUS CAVALHEIROS!

MAS O MURO É MUITO ALTO,

OLÊ, OLÊ, OLÁ!

MAS O MURO É MUITO ALTO,

OLÊ, SEUS CAVALHEIROS! [...]

CANTIGA POPULAR.

A CANTIGA CONTINUA E, PARA QUE MARGARIDA SEJA VISTA, SÃO TIRADAS 2 PEDRAS. NA PARTE DO CASTELO ONDE ESTAVA MARGARIDA, HAVIA 14 PEDRAS GRANDES. OBSERVE.

VAMOS REPRESENTAR A SITUAÇÃO COM NÚMEROS:

14 − 2 = 12

CATORZE MENOS DOIS É IGUAL A DOZE.

D	U
1	2

ATIVIDADES

1 OBSERVE O NÚMERO TOTAL DE PEDRAS GRANDES QUE HÁ NO CASTELO.

Ilustrações: Avalone/Arquivo da editora

A) ESCREVA O NÚMERO TOTAL DE PEDRAS GRANDES. ....

B) AGORA, COMPLETE O QUADRO.

PEDRAS QUE FORAM TIRADAS DO CASTELO	PEDRAS QUE RESTARAM NO CASTELO
(4 pedras azuis)	20 − 4 = 16
(5 pedras laranjas)	
(3 pedras marrons)	
(1 pedra verde)	

2 VAMOS RESOLVER AS SUBTRAÇÕES? A PRIMEIRA JÁ ESTÁ PRONTA.

10 − 2 = 8

12 − 4 = ...

16 − 8 = ...

19 − 9 = ...

3 QUANTOS LÁPIS ESTÃO FALTANDO NA CAIXA? DESENHE-OS E ESCREVA O NÚMERO.

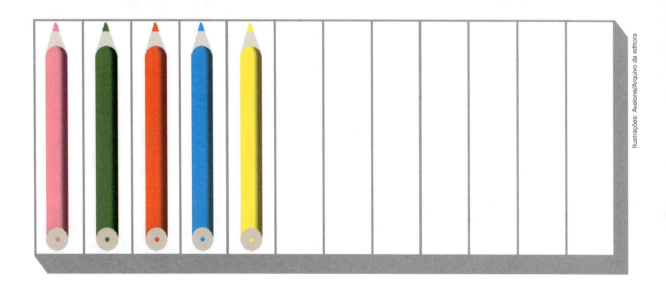

ESTÃO FALTANDO .... LÁPIS.

Ilustrações: Avalone/Arquivo da editora

4 UMA PEÇA DE JOGO DE DOMINÓ É FORMADA POR 2 PARTES. OBSERVE.

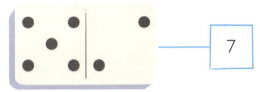

A PEÇA DE DOMINÓ ACIMA TEM 7 PONTOS NO TOTAL. PARA ENCONTRAR A QUANTIDADE DE PONTOS DA PRIMEIRA PARTE, PODEMOS ESCREVER A SEGUINTE SUBTRAÇÃO: 7 − 2 = 5.

- OBSERVE AS PEÇAS DO JOGO E COMPLETE AS SUBTRAÇÕES A SEGUIR.

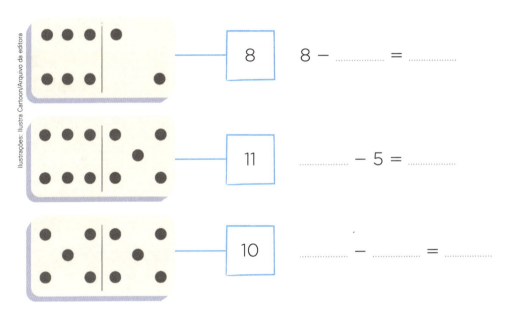

8 − .... = ...

.... − 5 = ...

.... − .... = ...

5 ELABORE UM PROBLEMA MATEMÁTICO DE SUBTRAÇÃO ENVOLVENDO PEÇAS DE DOMINÓ E AS QUANTIDADES DE PONTOS DAS PARTES DELAS. REGISTRE DA MANEIRA QUE PREFERIR.

AINDA TRABALHANDO COM A SUBTRAÇÃO

TODOS OS DIAS, HUGO SAI COM AS 16 VACAS DO **REBANHO** DO AVÔ DELE PARA PASTAR. DESSAS VACAS, 4 FORAM VENDIDAS. QUANTAS RESTARAM?

PARA ACHAR A RESPOSTA, PRECISAMOS ENCONTRAR O RESULTADO DE:

$$16 - 4 = ?$$

REBANHO: GRUPO DE ANIMAIS CONTROLADO POR UMA PESSOA.

OBSERVE COMO HUGO EFETUOU ESSE CÁLCULO.

REPRESENTEI COM 🟨 E 🟨🟨🟨🟨.

16

DEPOIS, RETIREI OS 🟨 QUE REPRESENTAVAM AS VACAS VENDIDAS.

16 − 4 = 12

Ilustrações: Ilustra Cartoon/Arquivo da editora

- AGORA, EFETUE A OPERAÇÃO COM O QUADRO DE ORDENS.

D	U
1	6
−	4

ATIVIDADES

1 O PAI DE FRANCISCO CHEGOU DE VIAGEM E TROUXE PARA ELE UMA CAIXA DE BOMBONS.

HAVIA NA CAIXA

FRANCISCO JÁ COMEU

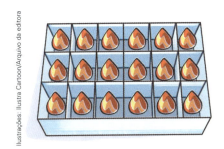

QUANTOS BOMBONS RESTARAM? ....

2 COMPLETE OS QUADROS.

TINHA	DEI	CALCULEI ASSIM		FIQUEI COM
		D	U	
		1	8	....
		−	5	BOLINHAS

TINHA	DEI	CALCULEI ASSIM		FIQUEI COM
		D	U	
		3	4	....
		− 1	2	LÁPIS

3 OBSERVE AS FIGURAS E FAÇA AS SUBTRAÇÕES. AS PEÇAS RISCADAS INDICAM A QUANTIDADE QUE FOI RETIRADA.

A) 27 − 13 = 14

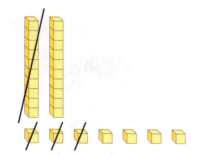

	D	U
	2	7
−	1	3

B) 36 − 24 = ...

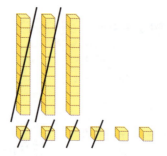

	D	U
	3	6
−	2	4

C) 45 − 12 = ...

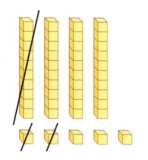

	D	U
	4	5
−	1	2

4 COMPLETE OS ENUNCIADOS COM OS VALORES QUE PREFERIR. DEPOIS, RESOLVA OS PROBLEMAS E COMPARTILHE AS RESPOSTAS COM A TURMA.

A) A TIA DE ANA FEZ 35 BRIGADEIROS. A MENINA LEVOU ALGUNS DELES PARA A ESCOLA E FICARAM

.... BRIGADEIROS. QUANTOS BRIGADEIROS ANA LEVOU PARA A ESCOLA?

D	U
3	5

ANA LEVOU PARA A ESCOLA .... BRIGADEIROS.

B) NA BIBLIOTECA DA SALA DE AULA HÁ .... LIVROS.

CADA UMA DAS .... CRIANÇAS DA SALA LEVOU UM LIVRO PARA CASA. QUANTOS LIVROS AINDA HÁ NA BIBLIOTECA DA SALA DE AULA?

D	U

NA BIBLIOTECA DA SALA DE AULA AINDA HÁ .... LIVROS.

C) MÁRIO TINHA .... BOLINHAS DE GUDE. DEU .... PARA O IRMÃO DELE. COM QUANTAS BOLINHAS DE GUDE MÁRIO FICOU?

D	U

MÁRIO FICOU COM .... BOLINHAS DE GUDE.

TRABALHANDO COM ADIÇÃO E SUBTRAÇÃO

OBSERVANDO UMA PEÇA DE UM JOGO DE DOMINÓ, RENATO ESCREVEU AS SEGUINTES ADIÇÕES E SUBTRAÇÕES:

6 + 3 = 9   9 − 3 = 6

3 + 6 = 9   9 − 6 = 3

9

- FAÇA COMO RENATO. OBSERVE AS PEÇAS DO JOGO E ESCREVA AS ADIÇÕES E AS SUBTRAÇÕES QUE VOCÊ CONSEGUIR.

AS IMAGENS NÃO ESTÃO REPRESENTADAS EM PROPORÇÃO.

6

....

....

4

....

....

10

....

....

ATIVIDADES

1 OBSERVE O MOVIMENTO NO ESTACIONAMENTO E DEPOIS RESPONDA.

ENTRARAM 5 CARROS.

DEPOIS CHEGARAM MAIS 8.

AGORA ESTÃO SAINDO 3.

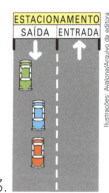

A) QUANTOS CARROS ENTRARAM NO INÍCIO?

B) QUANTOS CARROS CHEGARAM DEPOIS?

C) QUANTOS CARROS FICARAM AO TODO?

D) QUANTOS CARROS SAÍRAM?

E) QUANTOS CARROS RESTARAM NO ESTACIONAMENTO?

2 VOCÊ SABE COMO USAR UMA CALCULADORA? OBSERVE A IMAGEM AO LADO.

AGORA, DESCUBRA SE CADA OPERAÇÃO ABAIXO É UMA ADIÇÃO OU UMA SUBTRAÇÃO. PARA ISSO, É SÓ OBSERVAR O NÚMERO QUE APARECE NO VISOR. DEPOIS, COMPLETE OS ☐ COM + OU −.

TECLAS			VISOR
9	☐	6	3
4	☐	2	6
1	☐	7	8
8	☐	7	1

TECLAS			VISOR
5	☐	1	4
3	☐	2	5
2	☐	5	7
8	☐	6	2

AS IMAGENS NÃO ESTÃO REPRESENTADAS EM PROPORÇÃO.

HÁBITOS DE CONSUMO

Ricardo Dantas/Arquivo da editora

NEM SEMPRE PERCEBEMOS, MAS DIVERSAS VEZES SOMOS INCENTIVADOS A COMPRAR DIFERENTES PRODUTOS, COMO BRINQUEDOS, ROUPAS, CALÇADOS E ALIMENTOS. ACOMPANHE ALGUNS EXEMPLOS.

QUE LEGAL.

VOCÊ NÃO PODE FICAR SEM SEU HERÓI.

PROPAGANDAS EXIBIDAS NOS INTERVALOS DE PROGRAMAS DE TELEVISÃO PODEM DESPERTAR A VONTADE DE COMPRARMOS UM PRODUTO.

Ilustrações: Ilustra Cartoon/Arquivo da editora

CENAS EM REVISTAS OU FOLHETOS PODEM NOS ESTIMULAR A QUERER O QUE É MOSTRADO E, PARA ISSO, TERÍAMOS QUE ADQUIRIR O PRODUTO EXIBIDO.

TÊNIS Patins

COM ESSE TÊNIS PATINS VOCÊ VAI MAIS LONGE!

ANÚNCIOS DE PROMOÇÕES PODEM NOS ATRAIR PARA CONSUMIR MAIS PRODUTOS DO QUE PRECISAMOS.

COMPRE 3 SORVETES POR 2 REAIS CADA UM, E O 4º SORVETE É GRÁTIS

MEU ESTOJO É DEMAIS! QUANDO ABRO, ELE BRILHA E FAZ BARULHO.

PODEMOS FICAR ANIMADOS AO OBSERVAR COMO ALGUNS COLEGAS SE DIVERTEM COM DETERMINADO PRODUTO E QUERER TER UM IGUAL.

Reprodução/ Freepik_com

Reprodução/ Freepik_com

SERÁ QUE REALMENTE PRECISAMOS DE TODOS OS PRODUTOS QUE TEMOS VONTADE DE COMPRAR?

Reprodução/ Freepik_com

CARTÃO

ALGUNS HÁBITOS PODEM NOS AJUDAR A CONSUMIR DE MANEIRA CONSCIENTE, FAVORECENDO O BEM-ESTAR, SEM PREJUDICAR O MEIO AMBIENTE.

PLANEJAR AS COMPRAS

NÃO VAMOS COMPRAR O TÊNIS. VIEMOS APENAS COMPRAR UM CHINELO NOVO PORQUE O SEU ARREBENTOU.

CONSUMIR APENAS O NECESSÁRIO

PRECISAMOS DE TANTAS TESOURAS?

NÃO. VAMOS LEVAR A EMBALAGEM COM APENAS UMA TESOURA.

REUTILIZAR PRODUTOS

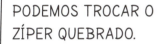

PODEMOS TROCAR O ZÍPER QUEBRADO.

ENTÃO, NÃO PRECISAREMOS COMPRAR UMA CALÇA NOVA?

AVALIAR OS IMPACTOS DO CONSUMO

O QUE FAREMOS COM A MINHA MOCHILA USADA SE COMPRARMOS UMA MOCHILA NOVA?

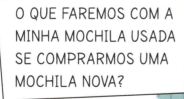

FONTE DE PESQUISA: INSTITUTO AKATU. **CONHEÇA OS 12 PRINCÍPIOS DO CONSUMO CONSCIENTE**. DISPONÍVEL EM: <https://www.akatu.org.br/noticia/conheca-os-12-principios-do-consumo-consciente/>. ACESSO EM: 6 FEV. 2019.

- CONVERSE COM OS COLEGAS E O PROFESSOR SOBRE AS SITUAÇÕES ACIMA. QUAIS SÃO OS BENEFÍCIOS PARA AS PESSOAS E PARA O MEIO AMBIENTE RESULTANTES DE UM CONSUMO CONSCIENTE?

O REAL, NOSSO DINHEIRO

APRENDENDO A COMPRAR

EXPLORE A PÁGINA + E DIVIRTA-SE!

DURANTE ALGUMAS SEMANAS, CARLA ECONOMIZOU DINHEIRO. VAMOS DESCOBRIR SE ELA JÁ TEM O SUFICIENTE PARA COMPRAR UM BRINQUEDO?

PUXA, EU TENHO R$ 75,00.

R$ 80,00   R$ 15,00   R$ 60,00

- CARLA TEM DINHEIRO PARA COMPRAR UM BRINQUEDO?

SIM ☐   NÃO ☐

- QUAL BRINQUEDO CARLA NÃO CONSEGUE COMPRAR COM O DINHEIRO DELA?

BONECA ☐   BOLA ☐   JOGO ☐

AS CÉDULAS E AS MOEDAS FAZEM PARTE DO REAL, NOSSO DINHEIRO. O SÍMBOLO DO REAL É **R$**.

AS IMAGENS NÃO ESTÃO REPRESENTADAS EM PROPORÇÃO.

REPRESENTAMOS **2 REAIS** COMO **R$ 2,00**.

ATIVIDADES

1 CERQUE COM UMA LINHA OS GRUPOS DE 10 CÉDULAS IGUAIS.

A) QUAIS SÃO OS VALORES FINAIS DOS GRUPOS FORMADOS?

B) LIGUE OS GRUPOS FORMADOS A UMA NOTA DE MESMO VALOR.

2 OBSERVE OS PREÇOS DAS BRINCADEIRAS E DOS ALIMENTOS DA FESTA JUNINA NA ESCOLA DE ÉRICA.

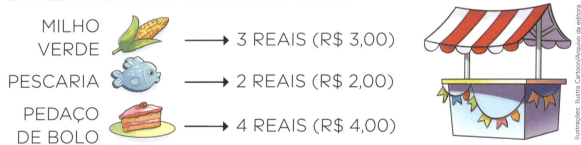

MILHO VERDE → 3 REAIS (R$ 3,00)

PESCARIA → 2 REAIS (R$ 2,00)

PEDAÇO DE BOLO → 4 REAIS (R$ 4,00)

A) OBSERVE QUANTO DINHEIRO CADA CRIANÇA TEM.

B) CERQUE COM UMA LINHA AS MOEDAS DE QUE CADA CRIANÇA PRECISA PARA COMPRAR O QUE QUER.

3 VAMOS COMPRAR E VENDER?

DESTAQUE AS MOEDAS, AS CÉDULAS E AS FICHAS DOS PRODUTOS DO **CADERNO DE CRIATIVIDADE E ALEGRIA**. DEPOIS, CALCULE O TROCO E COMPLETE A TABELA ABAIXO.

AS IMAGENS NÃO ESTÃO REPRESENTADAS EM PROPORÇÃO.

COMPRAS EFETUADAS

PRODUTO		PAGOU COM	TROCO
BONECA DE PANO	CAMISETA	50 Reprodução/Casa da Moeda do Brasil/ Ministério da Fazenda	
CARRINHO DE FRICÇÃO	ESTOJO	20 Reprodução/Casa da Moeda do Brasil/ Ministério da Fazenda	
CALÇA	TABULEIRO DE XADREZ	50 20 10 10 Reprodução/Casa da Moeda do Brasil/ Ministério da Fazenda	

Ilustrações: MW Editora Ilustrações Ltda./Arquivo da editora

A) QUAL FOI A COMPRA MAIS CARA?

....

B) QUAL FOI A COMPRA MAIS BARATA?

....

C) RESPONDA ORALMENTE: ALGUMA COMPRA NÃO TEVE TROCO? O QUE ISSO SIGNIFICA?

D) ELABORE UM PROBLEMA MATEMÁTICO QUE ENVOLVA A COMPRA DE UM OU MAIS OBJETOS DAS FICHAS DO **CADERNO DE CRIATIVIDADE E ALEGRIA**.

COMPRANDO COM CONSCIÊNCIA

IR AO SUPERMERCADO PODE SER DIVERTIDO, MAS É PRECISO SABER ESCOLHER O QUE COMPRAR. É IMPORTANTE OPTAR POR PRODUTOS SAUDÁVEIS E QUE TENHAM PREÇOS JUSTOS.

TIAGO FOI AO SUPERMERCADO COMPRAR LANCHES PARA LEVAR À ESCOLA. ELE TEM 10 REAIS.

Ilustra Cartoon/Arquivo da editora

- TIAGO QUER LEVAR 2 TIPOS DE ALIMENTO E 1 BEBIDA. O QUE ELE PODE COMPRAR COM 10 REAIS? AJUDE-O A ESCOLHER O QUE FOR MAIS SAUDÁVEL.

_____

_____

_____

HORA DE CONSTRUIR!

MATERIAL NECESSÁRIO

- COLA
- FOLHA DO **CADERNO DE CRIATIVIDADE E ALEGRIA**

VOCÊ ESTUDOU ALGUNS SÓLIDOS GEOMÉTRICOS. VAMOS CONHECER MAIS UM SÓLIDO GEOMÉTRICO: A PIRÂMIDE!

MONTANDO A PIRÂMIDE

SIGA OS PASSOS ABAIXO PARA MONTAR O DADO.

1 DESTAQUE O MOLDE COM CUIDADO.

VOU BRINCAR COM ESSE DADO EM UM JOGO DE TRILHA. VOU JOGAR O DADO E USAR OS PONTOS DA FACE QUE FICA PARA BAIXO!

Ilustrações: Ilustra Cartoon/Arquivo da editora

2 COLE AS ABAS COM CUIDADO, DEIXANDO PARA FORA A PARTE COLORIDA E COM OS PONTOS.

PRONTO! AGORA VOCÊ TEM UM DADO DE 4 FACES E PODE USÁ-LO EM QUALQUER JOGO DE DADOS.

1 UM DESAFIO! PENSE E RESPONDA: SE VOCÊ CONTORNAR O SEU DADO, ESSE CONTORNO LEMBRARÁ QUAL FIGURA GEOMÉTRICA PLANA?

....

2 FAÇA O CONTORNO DO SEU DADO NO ESPAÇO ABAIXO E DESCUBRA!

UNIDADE 4

SISTEMAS DE MEDIDA, ÁLGEBRA E PROBABILIDADE

CHIMPANZÉ

Pan troglodytes

PESA ATÉ 60 QUILOGRAMAS
MEDE ATÉ 1 METRO DE ALTURA

GIBÃO-DE-MÃOS-BRANCAS

Hylobates lar

PESA ATÉ 9 QUILOGRAMAS
MEDE ATÉ 64 CENTÍMETROS DE ALTURA

ENTRE NESTA RODA

- O QUE AS CRIANÇAS DA CENA ESTÃO OBSERVANDO?
- QUAL DOS ANIMAIS QUE APARECEM NA CENA PODE ALCANÇAR A MAIOR ALTURA?
- QUAL DOS ANIMAIS DA CENA PODE ALCANÇAR O MAIOR "PESO"?

NESTA UNIDADE VAMOS ESTUDAR...

- MEDIDAS DE TEMPO
- MEDIDAS DE COMPRIMENTO
- MEDIDAS DE MASSA
- MEDIDAS DE CAPACIDADE

CHITA

Acinonyx jubatus

PESA ATÉ 43 QUILOGRAMAS
MEDE ATÉ 94 CENTÍMETROS DE ALTURA

JAGUATIRICA

Leopardus pardalis

PESA ATÉ 16 QUILOGRAMAS
MEDE ATÉ 50 CENTÍMETROS DE ALTURA

12 MEDINDO O TEMPO

RELÓGIO

SÁBADO À TARDE DAVI FOI AO CINEMA COM SUA TIA E SUA PRIMA. A QUE HORAS O FILME COMEÇA?

O FILME VAI COMEÇAR ÀS **3** HORAS.

OS INSTRUMENTOS A SEGUIR SÃO UTILIZADOS PARA MARCAR A PASSAGEM DO TEMPO.

- CERQUE COM UMA LINHA OS INSTRUMENTOS QUE VOCÊ CONHECE.

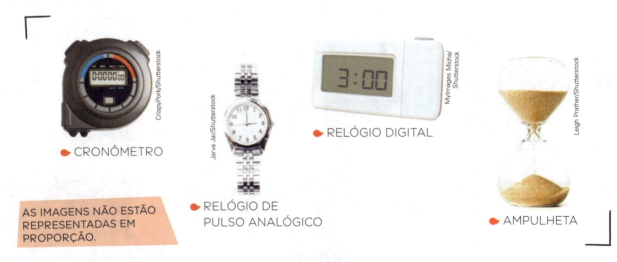

- CRONÔMETRO

- RELÓGIO DIGITAL

- RELÓGIO DE PULSO ANALÓGICO

- AMPULHETA

AS IMAGENS NÃO ESTÃO REPRESENTADAS EM PROPORÇÃO.

USAMOS PRINCIPALMENTE O RELÓGIO PARA MEDIR A PASSAGEM DO TEMPO.

ATIVIDADES

1 ESCREVA OS NÚMEROS QUE ESTÃO FALTANDO NO MOSTRADOR DO RELÓGIO.

2 O PONTEIRO MAIOR DE UM RELÓGIO É CHAMADO DE PONTEIRO DOS MINUTOS. E O PONTEIRO MENOR É CHAMADO DE PONTEIRO DAS HORAS. PINTE OS PONTEIROS NO RELÓGIO AO LADO DE ACORDO COM A LEGENDA DE CORES.

🔴 PONTEIRO DAS HORAS
🔵 PONTEIRO DOS MINUTOS

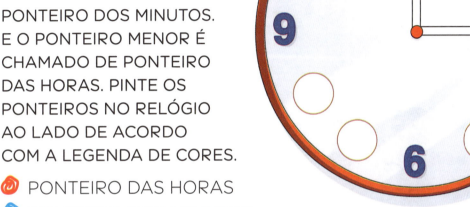

3 QUANDO O PONTEIRO DOS MINUTOS ESTÁ NO NÚMERO 12 E O PONTEIRO DAS HORAS ESTÁ EM UM NÚMERO DE 1 A 12, ENTÃO O RELÓGIO ESTÁ MARCANDO HORA INTEIRA.

A) COMPLETE: O RELÓGIO AO LADO ESTÁ COM O PONTEIRO DOS MINUTOS NO NÚMERO 12 E

O PONTEIRO DAS HORAS NO NÚMERO ....

ASSIM, O RELÓGIO ESTÁ MARCANDO 1 HORA.

B) RESPONDA: QUE HORAS MARCA CADA UM DOS RELÓGIOS ABAIXO?

....

4 OBSERVE, NAS CENAS ABAIXO, ALGUNS MOMENTOS DE UM DOS DIAS DE VÍTOR. ELE TEM 6 ANOS. ASSINALE O PERÍODO DO DIA EM QUE VÍTOR:

Ilustrações: Ilustra Cartoon/Arquivo da editora

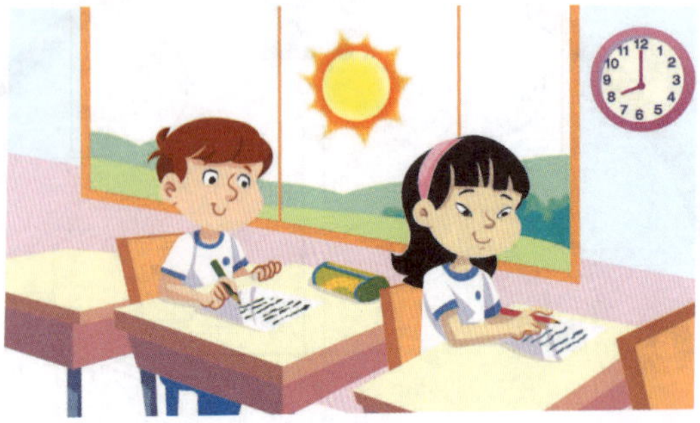

VAI À ESCOLA.

- [ ] MANHÃ
- [ ] TARDE
- [ ] NOITE

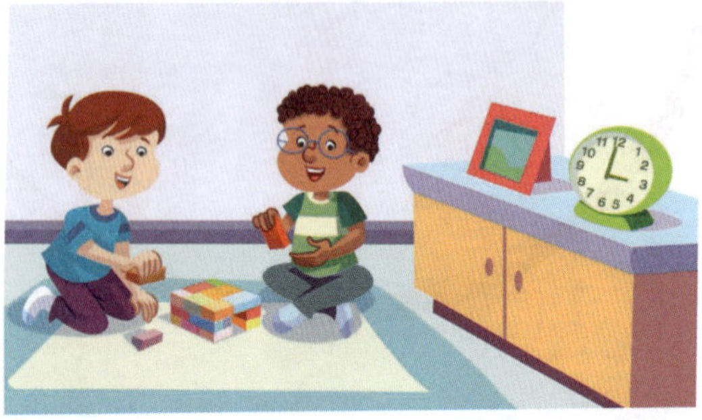

BRINCA.

- [ ] MANHÃ
- [ ] TARDE
- [ ] NOITE

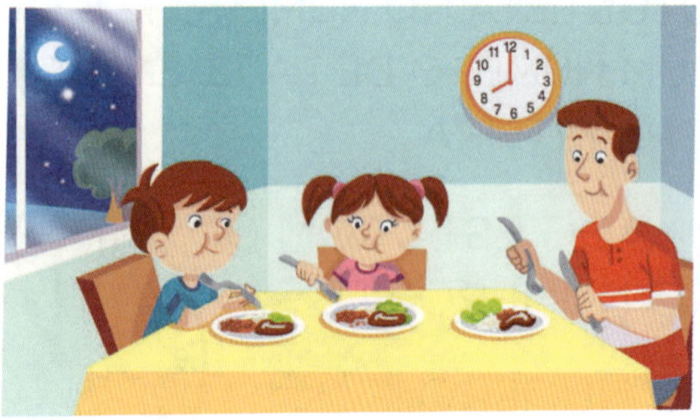

JANTA.

- [ ] MANHÃ
- [ ] TARDE
- [ ] NOITE

5 DESENHE NOS ESPAÇOS ABAIXO O QUE VOCÊ FEZ DURANTE O DIA DE ONTEM.

MANHÃ	TARDE	NOITE

MATEMÁTICA E DIVERSÃO

QUANTO TEMPO O TEMPO TEM?

1 LEIA A QUADRINHA E DEPOIS RESPONDA ORALMENTE ÀS QUESTÕES.

FAZENDO TUDO DEPRESSA

OU ATÉ MESMO DEVAGAR

O TEMPO PASSA NO TEMPO

SEMPRE CERTO DE ESPERAR.

A) O QUE VOCÊ FAZ DEPRESSA?

B) O QUE VOCÊ FAZ DEVAGAR?

2 RESOLVA A ADIVINHA COMPLETANDO AS PALAVRAS.

O QUE É, O QUE É?

O PRIMEIRO JÁ MORREU.

O SEGUNDO VIVE CONOSCO.

E O TERCEIRO NÃO NASCEU.

1º P _ _ _ _ _ O

2º P _ _ _ _ _ _ _ E

3º F _ _ _ _ _ O

DIAS DA SEMANA

LEIA O TEXTO COM SEUS COLEGAS DE CLASSE.

ERA UMA VEZ UM CHAPELEIRO MALUCO QUE VIVIA NO PAÍS DAS MARAVILHAS. ELE ERA VAIDOSO E GOSTAVA DE USAR UM CHAPÉU DIFERENTE A CADA DIA DA SEMANA.

SEGUNDA-FEIRA

QUARTA-FEIRA

TERÇA-FEIRA

QUINTA-FEIRA

SEXTA-FEIRA

DOMINGO

SÁBADO

UMA SEMANA TEM 7 (SETE) DIAS.

QUAL CHAPÉU EU DEVO USAR HOJE?

ATIVIDADES

1 ESCREVA O NOME DA COR DOS CHAPÉUS QUE O CHAPELEIRO MALUCO USOU EM CADA DIA DA SEMANA.

DOMINGO

SEGUNDA-FEIRA

TERÇA-FEIRA

QUARTA-FEIRA

QUINTA-FEIRA

SEXTA-FEIRA

SÁBADO

2 PINTE DE **ROXO** OS DIAS EM QUE VOCÊ VAI À ESCOLA E DE **VERDE** OS DIAS EM QUE VOCÊ NÃO VAI À ESCOLA.

DOMINGO

SEGUNDA-FEIRA

TERÇA-FEIRA

QUARTA-FEIRA

QUINTA-FEIRA

SEXTA-FEIRA

SÁBADO

3 VOCÊ SABE QUE DIA DA SEMANA É HOJE? PROCURE NOS QUADRINHOS DA ATIVIDADE ACIMA E ESCREVA.

4 O MÊS DE ABRIL DE 2019 TEM 30 DIAS. OBSERVE AO LADO A FOLHINHA DE CALENDÁRIO DESSE MÊS.

A) DIA 19 DE ABRIL É O DIA DO ÍNDIO. EM 2019, EM QUAL DIA DA SEMANA FOI COMEMORADA ESSA DATA?

....

B) DIA 21 DE ABRIL É O DIA DE TIRADENTES. EM 2019, EM QUAL DIA DA SEMANA FOI COMEMORADA ESSA DATA?

....

C) PINTE DE **VERDE** AS SEGUNDAS-FEIRAS E DE **AZUL** OS SÁBADOS.

5 OBSERVE O TEMPO DE GESTAÇÃO DA CADELA, DA GATA, DA COELHA E DA ÉGUA.

AS IMAGENS NÃO ESTÃO REPRESENTADAS EM PROPORÇÃO.

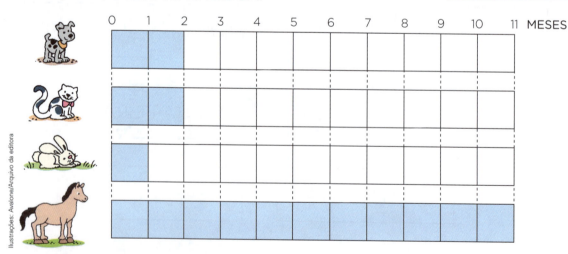

AGORA, RESPONDA ORALMENTE.

A) QUAL DELAS TEM O MAIOR TEMPO DE GESTAÇÃO?

B) QUAL DELAS TEM O MENOR TEMPO DE GESTAÇÃO?

6 A PROFESSORA DE MARCELO DEU UMA FOLHA DE PAPEL PARA CADA UM DOS ALUNOS DELA. ELES DEVERIAM DESENHAR EM CASA COMO ESTAVA O CLIMA CADA DIA DURANTE UMA SEMANA. OBSERVE COMO FICOU A FOLHA DE MARCELO E DEPOIS FAÇA O QUE SE PEDE.

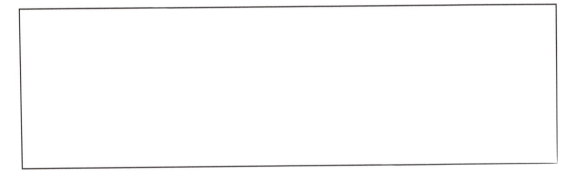

| DOMINGO | SEGUNDA-FEIRA | TERÇA-FEIRA | QUARTA-FEIRA | QUINTA-FEIRA | SEXTA-FEIRA | SÁBADO |

Ilustrações: Avalone/Arquivo da editora

A) QUANTOS DIAS UMA SEMANA TEM? ....

B) REGISTRE O SÍMBOLO DESENHADO POR MARCELO NO PRIMEIRO E NO ÚLTIMO DIA DESSA SEMANA.

C) EM QUANTOS DIAS DESSA SEMANA FEZ SOL?

....

D) O TEMPO FICOU NUBLADO EM QUANTOS DIAS DESSA SEMANA?

● NUBLADO

....

E) QUAL DOS DIAS DESSA SEMANA FOI CHUVOSO?

● CHUVOSO

....

13

MEDINDO O COMPRIMENTO

O METRO

PAULO, JUCA E IAGO QUERIAM SABER QUEM ERA O MAIS ALTO ENTRE ELES PARA SER O GOLEIRO DO TIME.

PAULO   JUCA   IAGO

Ilustra Cartoon/Arquivo da editora

- O MENINO MAIS ALTO É:

☐ PAULO.   ☐ JUCA.   ☐ IAGO.

- OBSERVE OS 3 ANIMAIS ABAIXO.

 CACHORRO    PATO   CAVALO

Eric Isselee/Shutterstock

Tsekhmister/Shutterstock

Kwadrat/Shutterstock

AGORA, RESPONDA:

A) QUAL É O ANIMAL MAIS BAIXO? ....

B) QUAL É O ANIMAL MAIS ALTO? ....

C) QUAL DESSES ANIMAIS VOCÊ JÁ VIU DE PERTO?

....

A MÃE DE LAURA RESOLVEU COMPRAR UMA TOALHA E PEDIU PARA ELA MEDIR O COMPRIMENTO DO TAMPO DE SUA MESA COM UMA FITA MÉTRICA.

O **METRO** É A UNIDADE DE MEDIDA USADA PARA INDICAR A MEDIDA DE COMPRIMENTO DE OBJETOS.

DIFERENTES INSTRUMENTOS PODEM SER USADOS PARA MEDIR O COMPRIMENTO DE OBJETOS.

AS IMAGENS NÃO ESTÃO REPRESENTADAS EM PROPORÇÃO.

● RÉGUA   ● TRENA   ● FITA MÉTRICA   ● METRO ARTICULADO

TAMBÉM É MUITO COMUM MEDIRMOS A ALTURA DE PESSOAS E DE CONSTRUÇÕES.

● O CRISTO REDENTOR É UMA ESTÁTUA DE 38 METROS DE ALTURA. RIO DE JANEIRO (RJ). FOTO DE 2017.

● SULTAN KOSEN, O HOMEM VIVO MAIS ALTO DO MUNDO, TEM 2 METROS E 51 CENTÍMETROS. CALIFÓRNIA, NOS ESTADOS UNIDOS. FOTO DE 2013.

ATIVIDADES

1 VOCÊ SABE QUAL É O ANIMAL MAIS ALTO QUE EXISTE? INICIE PELO NÚMERO 1 E LIGUE OS PONTOS PARA DESCOBRIR! DEPOIS, COMPLETE O TEXTO DO QUADRO.

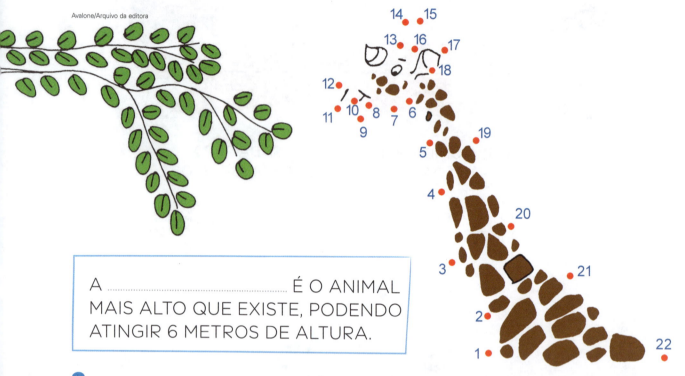

Avalone/Arquivo da editora

A .... É O ANIMAL MAIS ALTO QUE EXISTE, PODENDO ATINGIR 6 METROS DE ALTURA.

2 EM SUA SALA DE AULA HÁ ALGUM OBJETO QUE TENHA MAIS DE 1 METRO? E MENOS DE 1 METRO? JUSTIFIQUE SUA RESPOSTA.

....

....

3 O CENTÍMETRO PODE SER USADO PARA INDICAR A MEDIDA DE COMPRIMENTO DE PEQUENOS OBJETOS.

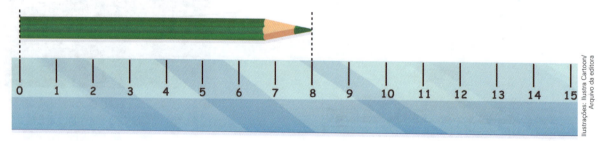

Ilustrações: Ilustra Cartoon/ Arquivo da editora

O COMPRIMENTO DO LÁPIS MEDE .... CENTÍMETROS.

4 OBSERVE OS CAMINHOS QUE OS BICHINHOS ESTÃO FAZENDO.

A) COMPLETE.

- A JOANINHA ESTÁ CAMINHANDO DA PEDRA ATÉ O GALHO.

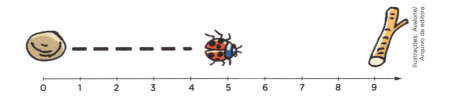

A JOANINHA VAI CAMINHAR .... CENTÍMETROS.

- A FORMIGA ESTÁ INDO DO FORMIGUEIRO ATÉ A FOLHA.

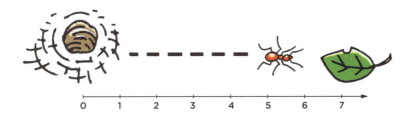

A FORMIGA VAI CAMINHAR .... CENTÍMETROS.

B) QUEM FARÁ O CAMINHO MAIS CURTO? ....

C) COMPLETE: A JOANINHA VAI PERCORRER

.... CENTÍMETROS A MAIS DO QUE A FORMIGA.

5 OBSERVE OS LÁPIS E FAÇA O QUE SE PEDE.

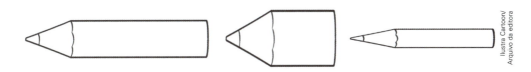

A) PINTE DE **LARANJA** O LÁPIS MAIS COMPRIDO E DE
VERMELHO O LÁPIS MAIS CURTO.

B) CERQUE COM UMA LINHA O LÁPIS MAIS GROSSO E
MARQUE UM **X** NO LÁPIS MAIS FINO.

CUIDAR DO LIXO

GERALMENTE, AO CONSUMIR ALGUM PRODUTO ACABAMOS PRODUZINDO LIXO.

AS IMAGENS NÃO ESTÃO REPRESENTADAS EM PROPORÇÃO.

CERTOS ALIMENTOS POSSUEM PARTES, COMO CASCAS E SEMENTES, QUE NÃO SÃO INGERIDAS E, POR ISSO, SE TORNAM LIXO.

ALGUNS PRODUTOS SÃO VENDIDOS EM EMBALAGENS DE PAPEL, DE PLÁSTICO, DE METAL OU DE VIDRO. ESSAS EMBALAGENS VIRAM LIXO DEPOIS DE UTILIZADAS.

NA NATUREZA, ANIMAIS PODEM FICAR PRESOS EM EMBALAGENS OU, AINDA, CONFUNDIR LIXO COM ALIMENTO E COMER O LIXO. MUITOS DESSES ANIMAIS ACABAM SE FERINDO E ATÉ MORRENDO.

NOS MUNICÍPIOS, BUEIROS ENTUPIDOS POR ACÚMULO DE LIXO NÃO PERMITEM QUE A ÁGUA DA CHUVA ESCOE E PODEM CAUSAR ENCHENTES.

SEPARAR O LIXO DE ACORDO COM CADA TIPO DE MATERIAL É UMA MANEIRA DE CUIDAR DO DESCARTE.

RESTOS DE MADEIRA, FOLHAS DE ÁRVORES E ALIMENTOS

VIDRO QUEBRADO, GARRAFAS E COPOS DE VIDRO

JORNAIS, REVISTAS E PAPELÃO

GARRAFAS PET, SACOLAS E CANUDOS

LATAS, FERRO E COBRE

A COLETA SELETIVA PERMITE QUE O LIXO SEJA ENCAMINHADO PARA **RECICLAGEM**.

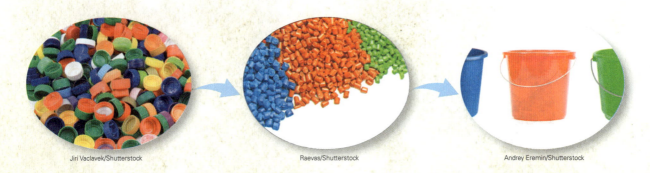

Jiri Vaclavek/Shutterstock   Raevas/Shutterstock   Andrey Eremin/Shutterstock

FAÇA UMA PESQUISA PARA SABER O QUE ESTÁ SENDO FEITO COM O LIXO DE SUA RESIDÊNCIA E RESPONDA.

- É FEITA COLETA SELETIVA?

- ALGUM TIPO DE LIXO É ENCAMINHADO PARA RECICLAGEM?

- QUANTAS VEZES POR SEMANA É FEITA A COLETA DE LIXO?

- EM QUAIS DIAS DA SEMANA O LIXO É COLETADO?

14

MEDINDO A MASSA

O QUILOGRAMA

EXPLORE A PÁGINA E DIVIRTA-SE!

VEJA QUANTOS QUILOGRAMAS CADA CÃO PESA.

AS IMAGENS NÃO ESTÃO REPRESENTADAS EM PROPORÇÃO.

LABRADOR: 40 QUILOGRAMAS

Eric Isselee/Shutterstock

BÓXER: 30 QUILOGRAMAS

Dora Zett/Shutterstock

POODLE: 3 QUILOGRAMAS

Jagodka/Shutterstock

SÃO-BERNARDO: 70 QUILOGRAMAS

BULDOGUE: 11 QUILOGRAMAS

Reprodução/Shutterstock

Csanad Kiss/Shutterstock

- ESCREVA O NOME DA RAÇA DE CADA CÃO DO MAIS LEVE PARA O MAIS PESADO.

....

....

....

PARA MEDIR A MASSA (O "PESO") DE UM CORPO OU DE UM OBJETO PODEMOS USAR UMA BALANÇA.

● BALANÇA PEDIÁTRICA DIGITAL

● BALANÇA **ANTROPOMÉTRICA**

ANTROPOMÉTRICA: RELATIVO A ANTROPOMETRIA, CIÊNCIA QUE TRATA DE MEDIR O CORPO HUMANO OU SUAS PARTES.

● BALANÇA DIGITAL

USAMOS O QUILOGRAMA (**kg**) PARA INDICAR A MEDIDA DE MASSA DE PESSOAS, DE ANIMAIS, DE OBJETOS E DE SUBSTÂNCIAS.

SAIBA MAIS ✚

NO DIA A DIA COSTUMAMOS USAR A PALAVRA **QUILO** NO LUGAR DE **QUILOGRAMA**.

● 1 QUILO DE AÇÚCAR

PESO 1 kg

● 2 QUILOS DE SABÃO EM PÓ

2 kg

● 5 QUILOS DE ARROZ

Peso Líq. 5 kg

ATIVIDADES

1 CARLA LEVOU JOANA E LUÍS PARA SE PESAREM. OBSERVE A MASSA DELES E RESPONDA.

Ilustrações: Ilustra Cartoon/Arquivo da editora

QUAL DAS CRIANÇAS É A MAIS PESADA? ....

2 AGORA LUÍS E JOANA SUBIRAM JUNTOS NA BALANÇA. ESCREVA NO VISOR DA BALANÇA O NÚMERO QUE DEVE ESTAR MARCADO.

3 COM A AJUDA DE UM ADULTO, MEÇA SUA ALTURA E SUA MASSA ATUAIS PARA COMPLETAR AS FRASES ABAIXO.

A) ALTURA: .... METRO E .... CENTÍMETROS.

B) MASSA: .... QUILOGRAMAS.

4 IMAGINE A MASSA REAL DOS ANIMAIS E DOS OBJETOS REPRESENTADOS ABAIXO.

A) MARQUE COM UM **X** QUAIS VOCÊ ACHA QUE CONSEGUIRIA CARREGAR.

AS IMAGENS NÃO ESTÃO REPRESENTADAS EM PROPORÇÃO.

Ilustrações: Ilustra Cartoon/Arquivo da editora

B) CONVERSE COM OS COLEGAS E O PROFESSOR: QUAL DESSES ITENS É O MAIS PESADO? E O MAIS LEVE?

5 OBSERVE OS PRODUTOS ABAIXO.

● 5 QUILOGRAMAS   ● 1 QUILOGRAMA   ● 2 QUILOGRAMAS

O PRODUTO MAIS LEVE É: .... ,

E O MAIS PESADO É: ....

O LITRO

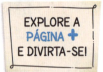
EXPLORE A PÁGINA +
E DIVIRTA-SE!

LEDA E GUSTAVO VÃO COMPRAR ÁGUA DE COCO EM UM QUIOSQUE.

Ilustra Cartoon/Arquivo da editora

PINTE DE **ROXO** A GARRAFA EM QUE CABE MAIS ÁGUA DE COCO.

PINTE DE **AMARELO** A GARRAFA EM QUE CABE MENOS ÁGUA DE COCO.

SAIBA MAIS +

PARA ENCHER UMA GARRAFA PET DE 2 **LITROS** COM ÁGUA DE COCO É PRECISO ABRIR CERCA DE 5 COCOS-VERDES.

VOCÊ JÁ TOMOU ÁGUA DE COCO? CONTE AOS COLEGAS COMO FOI ESSA EXPERIÊNCIA.

Timofeev Sergey/Shutterstock

● GARRAFA PET DE 2 LITROS

Fotografias: Raksina/Shutterstock

● 5 COCOS-VERDES

PARA MEDIR QUANTO CABE EM UM RECIPIENTE, USAMOS UMA UNIDADE DE MEDIDA CHAMADA LITRO (**L**).

• QUAIS PRODUTOS ABAIXO GERALMENTE SÃO VENDIDOS EM LITRO? MARQUE COM UM **X**.

AS IMAGENS NÃO ESTÃO REPRESENTADAS EM PROPORÇÃO.

ATIVIDADES

1 PARA FAZER 1 LITRO DE SUCO, RENATA USA 8 LARANJAS. CERQUE COM UMA LINHA GRUPOS DE 8 LARANJAS E DEPOIS RESPONDA À QUESTÃO.

Fotografias: Valentyn Volkov/Shutterstock

QUANTOS LITROS DE SUCO RENATA PODERÁ FAZER COM

ESSAS LARANJAS? ....

2 MAGALI PREPAROU ESTAS QUANTIDADES DE SUCO:

SUCO DE LARANJA:
3 LITROS

SUCO DE MELANCIA:
1 LITRO

SUCO DE UVA:
2 LITROS

Ilustrações: Avalone/Arquivo da editora

A) COMPLETE:

- MAGALI PREPAROU AO TODO .... LITROS DE SUCO.

- A MAIOR QUANTIDADE FOI DE SUCO DE ....

- O SUCO EM MENOR QUANTIDADE FOI O DE ....

B) QUAL DAS JARRAS ACIMA MAGALI PODERÁ COMPLETAR COM A MAIOR QUANTIDADE DE SUCO?

....

3 OBSERVE A QUANTIDADE MÁXIMA DE COPOS DE MESMO TAMANHO QUE CADA JARRA CHEIA PODE ENCHER SEM SOBRAR SUCO NA JARRA.

A) EM QUAL JARRA CABE MENOS SUCO? ....

B) EM QUAL JARRA CABE MAIS SUCO? ....

C) QUAL JARRA TEM SUCO SUFICIENTE PARA ENCHER EXATAMENTE 6 COPOS? ....

4 ELABORE NO CADERNO UM PROBLEMA MATEMÁTICO QUE ENVOLVA A CAPACIDADE DE JARRAS DE SUCO. UTILIZE O TERMO **CABE MAIS** OU **CABE MENOS**. REGISTRE DA MANEIRA QUE PREFERIR.

5 OBSERVE AS IMAGENS E LIGUE CADA INSTRUMENTO DE MEDIDA À GRANDEZA QUE ELE MEDE.

AS IMAGENS NÃO ESTÃO REPRESENTADAS EM PROPORÇÃO.

| TEMPO | CAPACIDADE | MASSA | COMPRIMENTO |

PADRÕES E SEQUÊNCIAS

OBSERVE A TOALHA DE MESA ABAIXO.

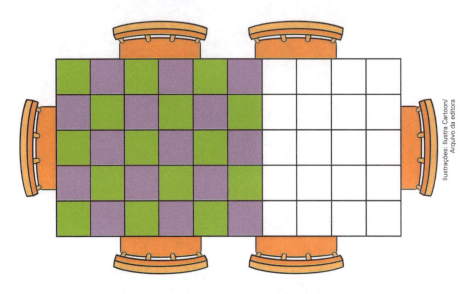

A SEQUÊNCIA DE CORES DA TOALHA SEGUE UMA REGRA. AS CORES SE ALTERNAM ENTRE **ROXO** E **VERDE**.

- PINTE O RESTANTE DA TOALHA DE ACORDO COM O PADRÃO DE CORES.

- VAMOS CRIAR OUTRA TOALHA DE MESA? PARA ISSO, PENSE EM UM PADRÃO COM 3 CORES DIFERENTES E PINTE ABAIXO.

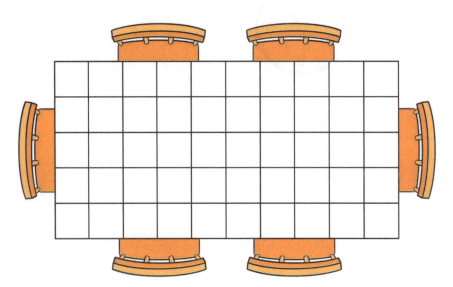

ATIVIDADES

1 OBSERVE AS ROSAS ABAIXO E DESCUBRA A REGRA DE CADA SEQUÊNCIA. DEPOIS, CONTINUE PINTANDO COM O MESMO PADRÃO DE CORES.

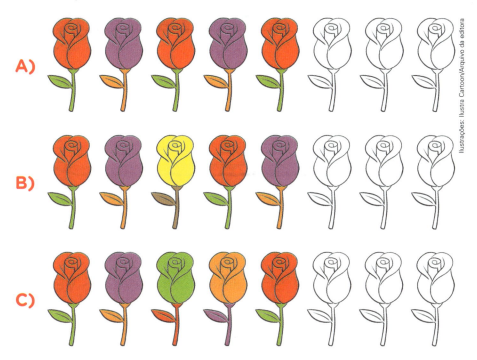

Ilustrações: Ilustra Cartoon/Arquivo da editora

2 DESCUBRA AS REGRAS USADAS NAS SEQUÊNCIAS DE FIGURAS GEOMÉTRICAS ABAIXO. DEPOIS, DESENHE E PINTE A PRÓXIMA FIGURA DE CADA SEQUÊNCIA.

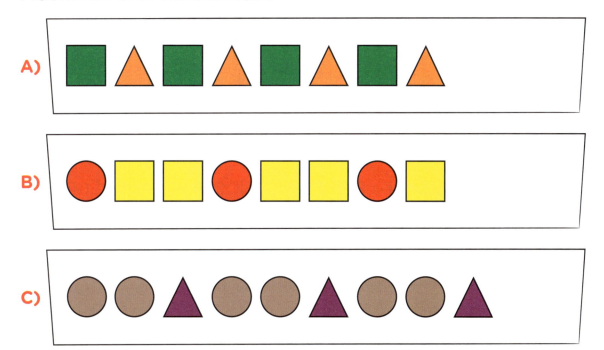

3 OBSERVE A SEQUÊNCIA DE CORES DOS PRIMEIROS VAGÕES DO TRENZINHO COLORIDO. DEPOIS, PINTE O RESTANTE DOS VAGÕES USANDO O MESMO PADRÃO DE CORES.

- CONTE PARA OS COLEGAS QUAL PADRÃO DE CORES VOCÊ DESCOBRIU.

4 OBSERVE A 1ª FIGURA ABAIXO. ELA TEM 2 QUADRADOS **VERDES** E 2 QUADRADOS **ROXOS**.

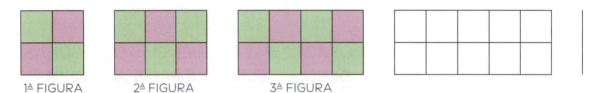

1ª FIGURA   2ª FIGURA   3ª FIGURA

A) AGORA, OBSERVE A SEGUNDA E A TERCEIRA FIGURA. QUANTOS QUADRADOS **VERDES** E **ROXOS** TEM A SEGUNDA FIGURA? E A TERCEIRA?

....

....

B) PINTE A QUARTA FIGURA USANDO A MESMA REGRA DE CONSTRUÇÃO DA SEQUÊNCIA. QUANTOS QUADRADOS **VERDES** E **ROXOS** TEM A QUARTA FIGURA?

....

C) CONTE PARA OS COLEGAS QUAL É A REGRA DE CONSTRUÇÃO DESSA SEQUÊNCIA.

PROBABILIDADE

VEJA A PONTUAÇÃO QUE CARLOS CONSEGUIU AO JOGAR 1 DADO.

AO LANÇAR UM DADO COMUM (DE 6 FACES), PODEMOS CONSEGUIR 1, 2, 3, 4, 5 OU 6 PONTOS.

SABENDO DISSO, PODEMOS DIZER QUE:

A) **É IMPOSSÍVEL** QUE CARLOS FAÇA MAIS DE 6 PONTOS AO LANÇAR UM DADO COMUM.

B) **COM CERTEZA** CARLOS CONSEGUIRÁ DE 1 A 6 PONTOS AO LANÇAR UM DADO COMUM.

C) **É POSSÍVEL** QUE CARLOS FAÇA EXATAMENTE 3 PONTOS AO LANÇAR UM DADO COMUM.

 VOCÊ SABE EXPLICAR POR QUE PODEMOS FAZER ESSAS 3 AFIRMAÇÕES? CONVERSE COM OS COLEGAS E TENTEM CHEGAR A UMA RESPOSTA.

ATIVIDADES

1 COMPLETE AS AFIRMAÇÕES ABAIXO UTILIZANDO OS TERMOS **É IMPOSSÍVEL**, **COM CERTEZA** OU **TALVEZ**.

A) AO LANÇAR UM DADO COMUM,

- .... EU CONSIGA FAZER 2 PONTOS.
- .... NÃO PONTUAR.
- .... FAREI MENOS DE 7 PONTOS.

B) AO LANÇAR 2 DADOS COMUNS,

- .... FAZER APENAS 1 PONTO.
- .... EU CONSIGA FAZER 10 PONTOS.
- .... FAREI MAIS DE 1 PONTO.

2 BIA ESTÁ BRINCANDO DE ARREMESSAR UMA BOLA PARA CAIR DENTRO DE UMA CAIXA. OBSERVE.

Ilustra Cartoon/Arquivo da editora

AGORA, MARQUE UM **X** PARA INDICAR SE CADA AFIRMAÇÃO ESTÁ CORRETA OU INCORRETA.

A) A BOLA QUE BIA ARREMESSOU **COM CERTEZA** CAIRÁ DENTRO DA CAIXA.

☐ CORRETA   ☐ INCORRETA

B) A BOLA ARREMESSADA **TALVEZ** CAIA DENTRO DA CAIXA.

☐ CORRETA   ☐ INCORRETA

C) **É IMPOSSÍVEL** A BOLA CAIR DENTRO DA CAIXA.

☐ CORRETA   ☐ INCORRETA

3 NO JOGO **ROLETA DAS FRUTAS** É PRECISO GIRAR A ROLETA PARA SABER QUAL FRUTA SERÁ ESCOLHIDA. PENSE NAS POSSIBILIDADES E RESPONDA ÀS PERGUNTAS ORALMENTE.

PERA — Roman Samokhin/Shutterstock
GOIABA — Anat chant/Shutterstock
MAÇÃ — Tim UR/Shutterstock
BANANA — Bergamont/Shutterstock

A) SERÁ SORTEADA UMA FRUTA DE COR VERMELHA?

B) SERÁ SORTEADA UMA FRUTA QUE TERMINE COM A LETRA **A**?

C) SERÁ SORTEADA UMA FRUTA QUE TENHA 5 LETRAS NO NOME?

AS IMAGENS NÃO ESTÃO REPRESENTADAS EM PROPORÇÃO.

D) SERÁ SORTEADA UMA FRUTA QUE COMECE COM A LETRA **B**?

4 EM UMA CAIXA DE SAPATOS HÁ 4 BOLINHAS IGUAIS: 1 BOLINHA **VERDE**, 1 BOLINHA **MARROM**, 1 BOLINHA **AZUL** E 1 BOLINHA **VERMELHA**.

MANU QUER SORTEAR 2 BOLINHAS DE UMA SÓ VEZ. LIGUE OS QUADROS CORRESPONDENTES E AJUDE MANU A DESCOBRIR AS POSSIBILIDADES DE SORTEIO.

AS BOLINHAS SORTEADAS SERÃO DA MESMA COR.

TALVEZ ACONTEÇA.

SERÃO SORTEADAS BOLINHAS DE 2 CORES DIFERENTES.

ACONTECERÁ COM CERTEZA.

SERÃO SORTEADAS 1 BOLINHA **VERDE** E 1 BOLINHA **AZUL**.

É IMPOSSÍVEL ACONTECER.

INFORMAÇÕES EM TABELAS

A PROFESSORA DE LUCAS FEZ UMA PESQUISA PARA SABER QUE ANIMAL DO ZOOLÓGICO OS 30 ALUNOS DA TURMA MAIS GOSTARAM DE CONHECER. OBSERVE AS ANOTAÇÕES FEITAS SOBRE A VOTAÇÃO.

> AS IMAGENS NÃO ESTÃO REPRESENTADAS EM PROPORÇÃO.

CHIMPANZÉ ⊠⊠		GIBÃO-DE--MÃOS-BRANCAS ⊠	
JAGUATIRICA ⊠|||		CHITA ⊠||	

- COMPLETE A TABELA ABAIXO COM A QUANTIDADE DE VOTOS QUE CADA ANIMAL RECEBEU.

ANIMAIS QUE A TURMA MAIS GOSTOU DE CONHECER

ANIMAL				
QUANTIDADE DE VOTOS				

FONTE: PROFESSORA DE LUCAS (DADOS FICTÍCIOS)

- AGORA, RESPONDA.

A) QUAL ANIMAL RECEBEU MAIS VOTOS?

....

B) E QUAL ANIMAL RECEBEU MENOS VOTOS?

....

C) QUAL É O ANIMAL DE QUE VOCÊ MAIS GOSTA? COM OS COLEGAS, REGISTRE AS RESPOSTAS DA TURMA NA LOUSA E ELABORE UMA TABELA.

ATIVIDADE

• COMPLETE O QUADRO ABAIXO COM A QUANTIDADE DE REPRESENTAÇÕES DE CADA FIGURA GEOMÉTRICA.

FIGURAS GEOMÉTRICAS	QUANTIDADE
CUBOS	
CILINDROS	
ESFERAS	
PIRÂMIDES	
BLOCOS RETANGULARES	

A) QUAL É A COR DA FIGURA GEOMÉTRICA QUE APARECE EM MAIOR QUANTIDADE? ....

B) QUAL FIGURA GEOMÉTRICA FOI DESENHADA EXATAMENTE 2 DEZENAS DE VEZES? ....

C) QUAL FIGURA GEOMÉTRICA APARECE REPRESENTADA EM MENOR QUANTIDADE? ....

D) QUAL É A QUANTIDADE TOTAL DE DESENHOS DE FIGURAS GEOMÉTRICAS QUE APARECEM NO QUADRO?

....

JOGO DA MEMÓRIA: MEDIDAS

MATERIAL NECESSÁRIO

- CARTAS DO **CADERNO DE CRIATIVIDADE E ALEGRIA**

MONTAGEM E REGRAS DO JOGO

VOCÊ VAI BRINCAR COM UM JOGO DA MEMÓRIA E VER O QUE JÁ SABE SOBRE MEDIDAS. AO TODO, SÃO 16 CARTAS. EM CADA UMA DELAS, VOCÊ VAI ENCONTRAR UMA FIGURA REPRESENTANDO UMA GRANDEZA DE MEDIDA.

FORME UMA DUPLA PARA JOGAR, DESTAQUE AS CARTAS E EMBARALHE. DEPOIS, DISTRIBUA AS CARTAS SOBRE A CARTEIRA COM AS FIGURAS VOLTADAS PARA BAIXO.

ENTÃO, NA SUA VEZ, VIRE 1 CARTA E TENTE ENCONTRAR A OUTRA QUE TEM A MESMA FIGURA. AO ENCONTRAR UM PAR DE CARTAS IGUAIS, DIGA A GRANDEZA DE MEDIDA REPRESENTADA POR ELAS.

ATENÇÃO! VIRE PARA BAIXO AS CARTAS ESCOLHIDAS CASO:

- NÃO ENCONTRE UM PAR DE FIGURAS IGUAIS;

- ENCONTRE UM PAR DE FIGURAS IGUAIS, MAS NÃO ACERTE A GRANDEZA DE MEDIDA RELACIONADA À IMAGEM.

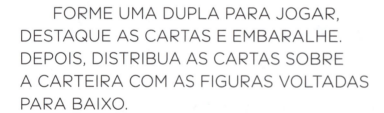

AGORA É HORA DE JOGAR!

CONFORME VOCÊ FOR ENCONTRANDO OS PARES E ACERTANDO AS GRANDEZAS, COLOQUE AS CARTAS EM CIMA DA FIGURA CORRESPONDENTE NO QUADRO ABAIXO.

GLOSSÁRIO

CONJUNTO:

GRUPO OU COLEÇÃO.

ESTA É MINHA COLEÇÃO DE BOLINHAS DE GUDE.

Ilustrações: Ilustra Cartoon/Arquivo da editora

FIGURAS GEOMÉTRICAS:

O TRIÂNGULO TEM TRÊS LADOS.

O QUADRADO E O RETÂNGULO TÊM QUATRO LADOS.

O CÍRCULO NÃO TEM LINHAS RETAS.

MEDIDAS DE CAPACIDADE:

ADORO LEITE COM CHOCOLATE!

AINDA TEM 1 LITRO SÓ PARA VOCÊ.

MEDIDAS DE COMPRIMENTO:

APRENDI A MEDIR USANDO MINHA RÉGUA!

EU TAMBÉM! MEU CADERNO TEM 20 CENTÍMETROS.

MEDIDAS DE MASSA:

MAMÃE, EU ESTOU COM 22 QUILOS!

MEDIDAS DE TEMPO:

QUE HORAS SÃO? ACHO QUE O RELÓGIO PAROU.

NÚMERO:

IDEIA MATEMÁTICA QUE EXPRESSA CERTA QUANTIDADE.

EU TENHO 7 ANOS. E VOCÊ?

OPERAÇÕES:

A ADIÇÃO É UMA OPERAÇÃO. NA ADIÇÃO, JUNTAMOS OU ACRESCENTAMOS QUANTIDADES.

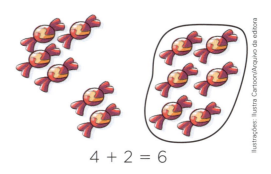

Ilustrações: Ilustra Cartoon/Arquivo da editora

$4 + 2 = 6$

A SUBTRAÇÃO É UMA OPERAÇÃO. NA SUBTRAÇÃO, SEPARAMOS QUANTIDADES OU TIRAMOS UMA QUANTIDADE DE OUTRA QUANTIDADE.

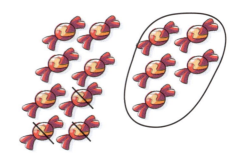

$8 - 3 = 5$

SÓLIDOS GEOMÉTRICOS:

VOCÊ SABE O NOME DE TODAS ESTAS FIGURAS?

CUBO

BLOCO RETANGULAR

CILINDRO

CONE

ESFERA

PIRÂMIDE

REFERÊNCIAS BIBLIOGRÁFICAS

ALENCAR, E. M. S. S. (Org.). *Novas contribuições da Psicologia aos processos de ensino e aprendizagem*. 4. ed. São Paulo: Cortez, 2001.

ANTUNES, C. *Matemática e didática*. 1. ed. Petrópolis: Vozes, 2010.

ARRIBAS, T. L. *Educação Física de 3 a 8 anos*. Tradução de Fátima Murad. 7. ed. Porto Alegre: Artmed, 2002.

ASCHENBACH, M. H. C. V. *A arte-magia das dobraduras*: histórias e atividades pedagógicas com origâmi. 4. ed. São Paulo: Scipione, 2010.

BARRETO, F. C. *Informática descomplicada para educação*: aplicações práticas em sala de aula. 1. ed. São Paulo: Érica, 2014.

BICUDO, M. A. V.; BORBA, M. de C. *Educação matemática*: pesquisa em movimento. 4. ed. São Paulo: Cortez, 2012.

BRASIL. Ministério da Educação. *Base Nacional Comum Curricular*. Brasília, 2018. Disponível em: <http://basenacionalcomum.mec.gov.br/wp-content/uploads/2018/12/BNCC_19dez2018_site.pdf>. Acesso em: 2 jan. 2019.

_____. Ministério da Educação. Secretaria de Educação Básica. Fundo Nacional de Desenvolvimento da Educação. *Ensino Fundamental de nove anos*: orientações para a inclusão da criança de seis anos de idade. 2. ed. Brasília, 2007.

_____. Ministério da Educação. Secretaria de Educação Básica. Fundo Nacional de Desenvolvimento da Educação. *Pró-letramento*: programa de formação continuada de professores das séries iniciais do Ensino Fundamental. Brasília, 2006. 7 v.

_____. Ministério da Educação. Secretaria de Educação Fundamental. *Parâmetros Curriculares Nacionais*: introdução aos Parâmetros Curriculares Nacionais. Brasília, 1997.

_____. Ministério da Educação. Secretaria de Educação Fundamental. *Parâmetros Curriculares Nacionais*: Matemática. Brasília, 1997.

_____. Ministério da Educação. Secretaria de Educação Fundamental. *Referencial Curricular Nacional para a Educação Infantil*. Brasília, 1998.

CARVALHO, D. L. de. *Metodologia do ensino da Matemática*. 4. ed. São Paulo: Cortez, 2015. (Magistério 2º grau/formação do professor).

CENTURIÓN, M. *Números e operações*: conteúdo e metodologia da Matemática. 2. ed. São Paulo: Scipione, 1995.

CERQUETTI-ABERKANE, F.; BERDONNEAU, C. *O ensino da Matemática na Educação Infantil*. Tradução de Eunice Gruman. 1. ed. Porto Alegre: Artmed, 1997.

CÓRIA-SABINE, M. A.; LUCENA, R. F. *Jogos e brincadeiras na Educação Infantil*. 6. ed. Campinas: Papirus, 2004. (Papirus Educação).

CUNHA, N. H. S. *Criar para brincar*: a sucata como recurso pedagógico. 1. ed. São Paulo: Aquariana, 2005.

DANTE, L. R. *Didática da Matemática na Pré-Escola*: por que, o que e como trabalhar as primeiras ideias matemáticas. 1. ed. São Paulo: Ática, 2007.

_____. *Formulação e resolução de problemas de Matemática*: teoria e prática. 1. ed. São Paulo: Ática, 2010.

DEVLIN, K. *O gene da Matemática*. Tradução de Sérgio Moraes Rego. 2. ed. Rio de Janeiro: Record, 2005.

DEVRIES, R. et al. *O currículo construtivista na Educação Infantil*: práticas e atividades. Tradução de Vinicius Figueira. 1. ed. Porto Alegre: Artmed, 2004.

FAINGUELERNT, E. K.; NUNES K. R. A. *Fazendo arte com a Matemática*. 2. ed. Porto Alegre: Artmed, 2015.

FAYOL, M. *A criança e o número*: da contagem à resolução de problemas. Tradução de Rosana Severino Di Leone. 1. ed. Porto Alegre: Artmed, 1996.

FONSECA, M. da C. F. R. (Org.). *Letramento no Brasil*: habilidades matemáticas: reflexões a partir do Inaf 2002. 2. ed. São Paulo: Global/Ação Educativa Assessoria, Pesquisa e Informação/Instituto Paulo Montenegro, 2009.

FRIEDMANN, A. *Brincar*: crescer e aprender: o resgate do jogo infantil. São Paulo: Moderna, 1996.

GOLBERT, C. S. *Matemática nas séries iniciais*: sistema decimal de numeração. 1. ed. Porto Alegre: Mediação, 1999.

GOULART, I. B. *Piaget*: experiências básicas para utilização pelo professor. 28. ed. Petrópolis: Vozes, 2011.

GUELLI, O. *Contando a história da Matemática*. A invenção dos números. 9. ed. São Paulo: Ática, 2006.

HAEUSSLER, I. M.; RODRÍGUEZ, S. *Manual de estimulação do pré-escolar*: um guia para pais e educadores. Tradução de Magda Lopes. 1. ed. São Paulo: Planeta do Brasil, 2005. (Temas de hoje).

HUETE, J. C. S.; BRAVO, J. A. F. *O ensino da Matemática*: fundamentos teóricos e bases psicopedagógicas. Tradução de Ernani Rosa. Porto Alegre: Artmed, 2006.

JARANDILHA, D. *Matemática já não é problema!* 4. ed. São Paulo: Cortez, 2012.

KAMII, C. DEVRIES, R. *Piaget para a educação pré-escolar*. Tradução de Maria Alice Bade Danesi. Porto Alegre: Artmed, 1991.

_____; JOSEPH, L. L. *Crianças pequenas continuam reinventando a Aritmética (séries iniciais)*: implicações da teoria de Piaget. Tradução de Vinicius Figueira. 2. ed. Porto Alegre: Artmed, 2005.

KENSKI, V. M. *Educação e tecnologias*: o novo ritmo da informação. Campinas: Papirus, 2012.

MACHADO, M. M. *O brinquedo-sucata e a criança*: a importância do brincar: atividades e materiais. 7. ed. São Paulo: Loyola, 2010.

MACHADO, N. J. *Matemática e educação*: alegorias, tecnologias e temas afins. 4. ed. São Paulo: Cortez, 2002. v. 2. (Questões da nossa época).

MARINCEK, V. (Org.). *Aprender Matemática resolvendo problemas*. Porto Alegre: Artmed, 2001. (Cadernos da Escola da Vila, 5).

MENDES, I. A. *Investigação histórica no ensino da Matemática*. 1. ed. Rio de Janeiro: Ciência Moderna, 2009.

MOYSÉS, L. *Aplicações de Vygotsky à educação matemática*. 11. ed. Campinas: Papirus. 1997.

OLIVEIRA, G. de C. *Psicomotricidade*: educação e reeducação num enfoque psicopedagógico. 17. ed. Petrópolis: Vozes, 2011.

PALHARES, P. (Coord.). *Elementos de Matemática para professores do Ensino Básico*. 1. ed. Lisboa: Edições Lidel, 2004.

PANIAGUA, G.; PALACIOS, J. *Educação Infantil*: resposta educativa à diversidade. Tradução de Fátima Murad. 1. ed. Porto Alegre: Artmed, 2007.

PANIZZA, M. (Org.). *Ensinar Matemática na Educação Infantil e nas séries iniciais*: análise e propostas. Tradução de Antonio Feltrin. Porto Alegre: Artmed, 2006.

PARRA, C.; SAIZ, I. (Org.). *Didática da Matemática*: reflexões psico-pedagógicas. Tradução de Juan Acuña Llorens. 1. ed. Porto Alegre: Artmed, 1996.

PERRENOUD, P. et al. *A escola de A a Z*: 26 maneiras de repensar a educação. 1. ed. Porto Alegre: Artmed, 2005.

RABELO, E. H. *Textos matemáticos*: produção, interpretação e resolução de problemas. 4. ed. Petrópolis: Vozes, 2004.

RÊGO, R. G.; RÊGO, R. M. *Matematicativa*. 3. ed. São Paulo: Autores Associados, 2009.

REIS, S. M. G. dos. A Matemática no cotidiano infantil: jogos e atividades com crianças de 3 a 6 anos para o desenvolvimento do raciocínio lógico-matemático. Campinas: Papirus, 2006. (Atividades). *Revista da Faculdade de Educação da Universidade Federal Fluminense*. Movimento: prática pedagógica: prática dialógica. Rio de Janeiro: DP&A, n. 3, maio 2001.

SÁNCHEZ, P. A.; MARTINEZ, M. R.; PEÑALVER, I. V. *A psicomotricidade na Educação Infantil*: uma prática preventiva e educativa. Tradução de Inajara Haubert Rodrigues. 1. ed. Porto Alegre: Artmed, 2003.

SCHILLER, P.; ROSSANO, J. *Ensinar e aprender brincando*: mais de 750 atividades para Educação Infantil. Tradução de Ronaldo Cataldo Costa. Porto Alegre: Artmed, 2008.

SMOLE, K. C. S. *A Matemática na Educação Infantil*: a teoria das inteligências múltiplas na prática escolar. 1. ed. Porto Alegre: Artmed, 2000.

_____; DINIZ, M. I. (Org.). *Ler, escrever e resolver problemas*: habilidades básicas para aprender Matemática. 1. ed. Porto Alegre: Artmed, 2001.

SMOLE, K. C. S.; DINIZ, M. I.; CÂNDIDO, P. (Org.). *Brincadeiras infantis nas aulas de Matemática*. 1. ed. Porto Alegre: Artmed, 2000. v. 1. (Matemática de 0 a 6).

_____. *Figuras e formas*. 2. ed. Porto Alegre: Artmed, 2003. v. 3. (Matemática de 0 a 6).

_____. *Jogos de Matemática de 1º a 5º ano*. 1. ed. Porto Alegre: Artmed, 2006. (Cadernos do Mathema).

_____. *Resolução de problemas*. 1. ed. Porto Alegre: Artmed, 2000. v. 2. (Matemática de 0 a 6).

SMOLE, K. C. S.; DINIZ, M. I.; STANCANELL, R. *Matemática e literatura infantil*. Belo Horizonte: Lê, 1999.

SUTHERLAND, R. *Ensino eficaz de Matemática*. 1. ed. Porto Alegre: Artmed, 2009.

TAJRA, S. F. *Informática na educação*: novas ferramentas pedagógicas para o professor na atualidade. 9. ed. São Paulo: Érica, 2012.

TOLEDO, M. *Didática de Matemática*: como dois e dois: a construção da Matemática. 1. ed. São Paulo: FTD, 1997. (Conteúdo e metodologia).

VILA, A.; CALLEJO, M. L. *Matemática para aprender a pensar*: o papel das crenças na resolução de problemas. Tradução de Ernani Rosa. 1. ed. Porto Alegre: Artmed, 2006.

1 AGORA QUE ANDRÉ TERMINOU AS COMPRAS NA QUITANDA, É HORA DE FAZER AS CONTAS E SABER QUANTOS REAIS ELE GASTOU. PREENCHA A TABELA AO LADO COM AS INFORMAÇÕES DE CADA COMPRA.

O VALOR TOTAL GASTO POR ANDRÉ NA QUITANDA FOI DE

_____.

PRODUTO	
CENOURA	
GOIABA	
TOMATE	
CALDO DE CANA	

2 O QUE VOCÊ COMPRARIA COM O MESMO VALOR QUE ANDRÉ C
COM UMA LINHA OS PRODUTOS QUE VOCÊ ESCOLHERIA. SE NI

BATATA
kg

R$ **3**,00

ABACAXI
UNIDADE

R$ **5**,00

ALFACE
UNIDADE

R$ **2**,00

LARANJA
kg

R$ **2**,00

FIM

HOJE É DIA DE QUITANDA!

ANDRÉ GOSTA DE IR À QUITANDA DOS PRODUTORES DA REGIÃO. ALÉM DE COMPRAR LEGUMES E OUTROS ALIMENTOS FRESQUINHOS, ANDRÉ CONTRIBUI COM O COMÉRCIO LOCAL.

VAMOS AJUDAR ANDRÉ COM AS COMPRAS DE HOJE? CHEGUE ATÉ O FIM COM TODOS OS ITENS DA LISTA DE ANDRÉ.

VOU COMPRAR OS ITENS SEGUINDO A ORDEM DA LISTA. ALÉM DISSO, PRECISO FAZER O MENOR CAMINHO POSSÍVEL NA QUITANDA.

Ilustrações: Raul Aguiar

LISTA DE COMPRAS

CENOURA **3 kg**

GOIABA **1 kg**

TOMATE **2 kg**

CALDO DE CANA **2 L**

INÍCIO

GOIABA
6 REAIS
O QUILO

CENOURA
3 REAIS
O QUILO

CENOURA
3 REAIS
O QUILO

GASTOS DE ANDRÉ NA QUITANDA

QUANTIDADE COMPRADA	PREÇO DO PRODUTO	TOTAL

FONTE: ANDRÉ (DADOS FICTÍCIOS)

GASTOU PARA COMPRAR 3 QUILOGRAMAS DE CENOURA? CERQUE
ECESSÁRIO, INDIQUE A QUANTIDADE DE CADA PRODUTO ESCOLHIDO.

MANGA
kg

R$ **6**,00

PEPINO
kg

R$ **2**,00

PERA
kg

R$ **7**,00

TOMATE
kg

R$ **5**,00